二价铕离子激活的
几种新型荧光粉的制备
及其发光性能研究

王 闯　朱 革　辛双宇　著

本书数字资源

北　京
冶　金　工　业　出　版　社
2023

内 容 提 要

本书针对目前应用于紫外与近紫外激发的发光材料匮乏、发光强度不高、Eu^{2+} 离子选择性占据及发光构效关系不清晰等问题进行了详细阐述，介绍了不同结构硅酸盐、磷酸盐和硼酸盐发光材料的结构、性质、应用和表征，不同结构 Eu^{2+} 离子掺杂发光材料的研究进展以及利用介绍的几种发光材料制备白光 LED 的实验过程和结果等。通过文献综述和实验分析两种途径，旨在向读者展现不同结构硅酸盐、磷酸盐和硼酸盐发光材料在固体照明中的作用及结构与性能的构效关系。

本书可供从事固体发光材料研究的相关科研人员、材料或材料化学学科的教育工作者或兴趣爱好者参考使用。

图书在版编目（CIP）数据

二价铕离子激活的几种新型荧光粉的制备及其发光性能研究/王闯，朱革，辛双宇著 . —北京：冶金工业出版社，2023.9
ISBN 978-7-5024-9657-9

Ⅰ.①二…　Ⅱ.①王…　②朱…　③辛…　Ⅲ.①荧光粉—研究　Ⅳ.①TM923.04

中国国家版本馆 CIP 数据核字（2023）第 200460 号

二价铕离子激活的几种新型荧光粉的制备及其发光性能研究

出版发行	冶金工业出版社	电　话	（010）64027926
地　址	北京市东城区嵩祝院北巷 39 号	邮　编	100009
网　址	www. mip1953. com	电子信箱	service@ mip1953. com

责任编辑　于昕蕾　美术编辑　彭子赫　版式设计　郑小利
责任校对　范天娇　责任印制　禹　蕊
三河市双峰印刷装订有限公司印刷
2023 年 9 月第 1 版，2023 年 9 月第 1 次印刷
710mm×1000mm　1/16；8 印张；153 千字；116 页

定价 54.00 元

投稿电话　（010）64027932　投稿信箱　tougao@cnmip. com. cn
营销中心电话　（010）64044283
冶金工业出版社天猫旗舰店　yjgycbs. tmall. com
（本书如有印装质量问题，本社营销中心负责退换）

前　　言

以白光发光二极管(WLED)为基础的半导体照明技术已经覆盖了社会的各个领域，与人们的生产生活紧密联系在一起。近年来，人们对 WLED 器件品质化的需求在不断提升，并推进了对于 LED 应用相关发光材料的研究。在 LED 用发光材料领域，Eu^{2+} 离子掺杂发光材料的格位占据调控是目前研究的热点。本书以具有 $4f \rightarrow 5d$ 跃迁的 Eu^{2+} 离子作为研究对象，从 Eu^{2+} 离子格位占据与发光性能构效关系作为切入点，获得了蓝光发射 $K_2HfSi_2O_7:Eu^{2+}$ 荧光粉、新型磷酸镁盐 $Na_3RbMg_7(PO_4)_6:Eu^{2+}$ 荧光粉、$Na_3KMg_7(PO_4)_6:Eu^{2+}$ 蓝色荧光粉、单一基质全光谱白光发射 $Ca_{19}MgNa_2(PO_4)_{14}:Eu^{2+}$ 荧光粉以及黄光发射 $KSr_4B_3O_9:Eu^{2+}$ 荧光粉，并探究了这些材料在固态照明中的应用能力，本书介绍的主要内容包括：

（1）采用高温固相法成功设计并制备了 $K_2HfSi_2O_7:Eu^{2+}$ 荧光粉，探索了其在压力下的颜色可调性和循环稳定性。通过 Rietveld 精修、低温光谱和理论计算，获得了其在常压下 Eu^{2+} 离子占位的信息。在压力诱导下，由于 Eu^{2+} 选择性占据和 $5d \rightarrow 4f$ 跃迁，$K_2HfSi_2O_7:Eu^{2+}$ 荧光粉表现出显著的压力敏感性（$d\lambda/dP = 3.25nm/GPa$）、高压下优异的相稳定性（20GPa）及出色的发光强度，在用于光学压力传感器时具有前所未有的优越性。优异的发光性能表明 $K_2HfSi_2O_7:Eu^{2+}$ 可以作为一种潜在的发光材料用于固态照明和光学压力传感器。

（2）首次通过高温固相法合成了一种具有高效蓝光发射和优异热稳定性的新型磷酸镁盐 $Na_3RbMg_7(PO_4)_6:Eu^{2+}$（$NRMP:Eu^{2+}$）荧光粉。通过 XRD Rietveld 精修、稳态和瞬态时间分辨谱确定了 Eu^{2+} 的局部晶体场环境。通过改变 Eu^{2+} 离子的掺杂浓度，优化了 $Na_3RbMg_7(PO_4)_6:$

Eu^{2+} 荧光粉的光致发光性能，并对其浓度猝灭机理进行了详细研究。此外，该荧光粉还具有较高的热稳定性，当环境温度达到140℃时，发射强度仍具有初始强度的96%。通过与芯片复合，制备出具有高显色指数（Ra=85.81）和暖白光（4468K）的 LED 器件。上述结果表明，$Na_3RbMg_7(PO_4)_6$:Eu^{2+} 荧光粉具有高效 pc-LEDs 的应用潜力。

（3）首次通过高温固相法制备了具有蓝光发射的 $Na_3KMg_7(PO_4)_6$（NKMP）:Eu^{2+} 荧光粉。在近紫外激发下，合成的 NKMP:Eu^{2+} 荧光粉在447nm 处产生明亮的蓝光发射，发射光谱强度随着 Eu^{2+} 浓度的增加而逐渐增强，在 $x=0.01$ 处出现了浓度猝灭，随后随着 Eu^{2+} 浓度的增加逐渐降低。通过 NKMP:Eu^{2+} 荧光粉的热猝灭光谱研究了该荧光粉的热稳定性。结果显示，随着温度升高，发射光谱强度呈单调下降趋势。且在140℃时强度可达到初始温度的82%。上述结果表明，NKMP:Eu^{2+} 荧光粉具有应用于高效 pc-LEDs 的潜力。

（4）采用传统高温固相法制备了具有蓝光发射的 $Na_3CsMg_7(PO_4)_6$:Eu^{2+}（NCMP:Eu^{2+}）荧光粉。XRD 物相分析表明掺杂并不会产生杂质相。激发光谱表明该荧光粉可以被紫外和近紫外光有效激发，并可以很好地匹配现有的商用 LED 芯片。以 400nm 近紫外线作为激发源时，样品发射蓝光，光谱覆盖 $400\sim600nm$，主峰位于 461nm，对应于 Eu^{2+} 的 $4f^65d^1\rightarrow4f^7$ 的跃迁发射。发射强度随着 Eu^{2+} 浓度的增加而呈现出先增大后减小的趋势，在 $x=0.02$ 时发射强度最大。在 400nm 的激发下，NCMP:Eu^{2+} 蓝色荧光粉的发光内部量子效率（IQE）高达93%，这与商业蓝色荧光粉 $BaMgAl_{10}O_{17}$:Eu^{2+}（BAM:Eu^{2+}）相当。除此之外，荧光粉具有较高的热稳定性能，在140℃环境下，发射强度依然保持着原始强度的82%。综上所述，NCMP:Eu^{2+} 荧光粉在大功率 LED 器件应用方面具有巨大的潜力。

（5）采用高温固相法，通过设计 β-$Ca_3(PO_4)_2$ 型结构，成功制备了单一基质白光荧光粉 $Ca_{19}MgNa_2(PO_4)_{14}$:Eu^{2+}。通过理论计算、Rietveld 精修结果和衰减曲线确定了 Eu^{2+} 离子在不同阳离子格位的选择性占据和发光性能之间的关系。激发和发射光谱表明 $Ca_{19}MgNa_2(PO_4)_{14}$：$xEu^{2+}(0.1\% \leqslant x \leqslant 1.0\%)$ 荧光粉可以很好地与 365nm LED 芯片匹配，并且具有覆盖可见光范围的全光谱发射带。制备的 WLED 器件能够表现出优异的色温和 CIE 色坐标。优异的发光性能表明 $Ca_{19}MgNa_2$ $(PO_4)_{14}$：Eu^{2+} 荧光粉具有用于全光谱照明的潜力。

（6）采用高温固相法成功制备出了一种环境友好的硼酸盐荧光粉 $KSr_4B_3O_9$：Eu^{2+}，其最大激发峰位于 460nm。在蓝光激发下，$KSr_4B_3O_9$：Eu^{2+} 荧光粉可以发出以 560nm 为中心的明亮黄光，能量较低的激发峰归因于强烈的质心位移和晶体场劈裂。同时，通过 Rietveld 精修、低温发射光谱和 Eu^{3+} 荧光探针确定了 $KSr_4B_3O_9$ 样品中 Eu^{2+} 离子的格位占据情况。最终通过封装获得的 WLED 器件，其具有应用于固态照明领域的潜力。

全书共分为9章：第1章绪论，介绍了白光发光二极管与白光 LED 用发光材料的研究进展；第2章介绍了发光材料常用表征手段的原理和一些表征结果；第3章重点介绍了硅酸盐 $K_2HfSi_2O_7$：Eu^{2+} 荧光粉发光性能的研究进展和该荧光材料激活剂离子在压力作用下的选择性占据及其与发光的构效关系；第4章详细介绍了磷酸盐荧光粉 Na_3RbMg_7 $(PO_4)_6$：Eu^{2+} 发光性能的研究实验过程，重点研究了其发光性能，热稳定性能及其应用于白光 LED 的潜力；第5章重点介绍了 Na_3KMg_7 $(PO_4)_6$：Eu^{2+} 荧光粉的发光性能，首先介绍了相关的研究进展，然后详细介绍了利用高温固相法制备 $Na_3KMg_7(PO_4)_6$：Eu^{2+} 荧光粉的实验过程和发光性能结果；第6章重点介绍了 $Na_3CsMg_7(PO_4)_6$：Eu^{2+} 荧光粉的结构、发光性能、热稳定性、量子效率及应用于白光 LED 的潜力；第7章介绍了 β-$Ca_3(PO_4)_2$ 型结构单一基质白光荧光粉 $Ca_{19}MgNa_2(PO_4)_{14}$：Eu^{2+}，通过格位的选择性占据，重点介绍了其应用于单一基质全光谱 LED 的潜力；第8章介绍了一种环境友好的硼酸盐荧光粉 $KSr_4B_3O_9$：Eu^{2+}，通过理论计算及性能表征，明确了能量较低的激发峰的产生原

因及 $KSr_4B_3O_9$ 样品中 Eu^{2+} 离子的格位占据情况。

　　本书在编写过程中参考了大量的著作和文献资料，在此，向工作在相关领域最前端的优秀科研人员致以诚挚的谢意，感谢他们对材料科学发展做出的巨大贡献。

　　随着发光材料制备技术的不断发展，本书可能存在不足之处，同时，书中的研究方法和研究结论也有待更新和更正。由于作者知识面、水平以及掌握的资料有限，书中难免有不当之处，欢迎各位读者批评指正。

作　者

2023 年 7 月

目　　录

1 绪 论

1.1 引 言

当前环境污染及能源短缺的现状已成为限制全球经济发展的瓶颈，开发和使用新一代节能环保的照明技术是解决该问题的重要途径。白光发光二极管（WLED）以其体积小、能耗小、寿命长、响应快、无污染、抗恶劣环境等优点取得了更为深入的发展，已经逐渐替代白炽灯、荧光灯等传统光源，成为了第四代照明光源。荧光粉作为 WLED 器件不可或缺的组成部分，将直接决定 WLED 的光学性能。目前，获得 WLED 的方式主要有三种，每种方式均有各自的优缺点。稀土离子 Eu^{2+} 具有宇称允许 $4f^65d^1 \rightarrow 4f^7$ 跃迁的特征，通常作为高效和宽发射不可或缺的激活剂，并且由于 $4f^65d^1 \rightarrow 4f^7$ 跃迁的敏感性，在荧光粉中占据不同的格位可以使 Eu^{2+} 离子具有不同颜色的发光，因此探究不同格位 Eu^{2+} 的配位环境在固体发光中占据十分重要的地位，并且阐明 Eu^{2+} 离子格位占据与发光性能之间的构效关系是开发和优化新型发光材料以及实际应用的重要理论依据。

1.2 WLED 简介

基于 PN 结发光原理制成的 LED 光源在 20 世纪 60 年代开始兴起，发展到 90 年代时，通过蓝光芯片 GaN 与 $Y_3Al_5O_{12}:Ce^{3+}$（YAG:Ce）黄色荧光粉的结合第一次实现 LED 的白色发光。21 世纪 WLED 由于具有体积小、响应快、无污染等优点而获得了更为深入的研究进展，已经逐渐替代白炽灯、荧光灯等传统光源，成为第四代照明光源。

1.2.1 LED 的结构与发光原理

图 1-1(a) 为 LED 的结构图，由半导体砷化镓和磷化镓等发光芯片制成了 LED 的中心部分 PN 结，进而可以实现 LED 的固态发光。商用 LED 的封装一般采用环氧树脂，树脂的外形是可以进行调节变化的，从而可以适应不同的应用要求。LED 是一种可以将电能转换为光能的半导体发光器件。如图 1-1(b) 所示，中心部分是一个半导体芯片，即 PN 半导体，其中 P 型提供电子，N 型提供空穴。

电子空穴对在复合过程中，会把多余的能量以光的形式释放出来，当释放的光波长在可见光范围内，LED 器件发光可以通过肉眼观察到。

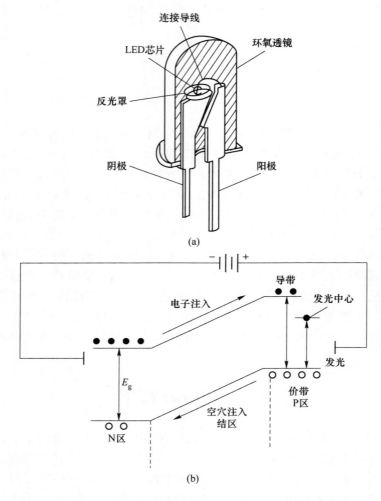

图 1-1　LED 的结构图（a）和 LED 器件发光原理示意图（b）

1.2.2　WLED 的实现方式

由于白光是复合光，所以存在多种实现白光发射的方法。目前，实现 WLED 的主要途径有三种：

（1）蓝光 LED 芯片激发黄光荧光粉。将蓝光 LED 芯片表面涂覆上黄色荧光粉，使其在受到蓝光激发后发出黄光，通过蓝光和黄光的复合发射出白光。由于该方法具有制备成本低、操作简单和高的光转换效率等优点而成为商用制备

WLED 的方法。但由于缺少必要的红光成分，导致制备出的 WLED 色温（CCT >
7750K）较高，显色指数（Ra < 80）较差，得到的白光也更趋近于冷白光。

（2）紫外/近紫外光 LED 芯片激发三基色荧光粉。这种方式是将紫外或近紫
外芯片作为光源激发三基色荧光粉，通过将发出的光进行复合来产生白光。这种
方式的优点是可以通过调节三种颜色荧光粉的比例，从而获得颜色均匀、显色性
好的 WLED。然而，由于目前近紫外芯片的效率相对较低，因此导致所制备的
WLED 器件的效率较低。

（3）红、绿、蓝三基色 LED 芯片组合实现白光。通过改变红、绿、蓝三种
芯片发光强度的方法可以获得不同色温的白光。虽然这种方法具有较大的灵活
性，但由于三种 LED 芯片的发光性能和工作条件不同，会导致操作过程较为复
杂，封装难度较大，成本较高，因此无法实现大规模商业化。

1.3　WLED 荧光粉的分类

从 WLED 的实现方式可以看出，荧光粉在 WLED 的发光效率和显色指数等
方面起着不可或缺的作用。用作 WLED 的荧光粉应满足以下性能要求：（1）能
被近紫外或蓝光芯片有效激发；（2）具有优异的热稳定性；（3）具有高量子效
率；（4）具有良好的物理和化学稳定性，不与封装材料和半导体芯片反应。根
据不同的基质体系，荧光粉被分类为氧化物（包括硅酸盐、铝酸盐、硼酸盐以及
磷酸盐等）、硫化物/硫氧化物、氮化物/氮氧化物和氟化物/氧氟化物。

1.3.1　铝酸盐

铝酸盐类的材料具有制备较为简单、物理化学性质稳定等优点。$Y_3Al_5O_{12}:Ce^{3+}$
（简称 YAG:Ce）是最著名的铝酸盐荧光粉，也是目前 LED 使用最广泛的黄色荧
光粉。YAG:Ce 荧光粉具有石榴石结构，在 346nm 近紫外光或 450nm 蓝光激发下
发射出黄光。不同离子取代后，Ce^{3+} 离子将受到不同程度的质心位移和晶体场劈
裂影响，从而实现不同波长的发光。除了石榴石体系铝酸盐荧光粉之外，其他铝
酸盐荧光粉也表现出优异的发光性能。例如，林君课题组报道了一种铝酸盐荧光
粉 $BaAl_{12}O_{19}:Eu^{2+}$，AlO_4 四面体和 AlO_6 八面体以共边的形式连接，形成高致密
的晶体结构，使得 $BaAl_{12}O_{19}:Eu^{2+}$ 具有窄带蓝光发射和优异的热稳定性（见
图 1-2）。

1.3.2　硅酸盐

硅酸盐材料因具有优异的物理化学稳定性、优异的热稳定性和低成本等优点
而被当作发光材料的基质进行广泛研究。在硅酸盐材料中，Si 与 O 之间通常形成

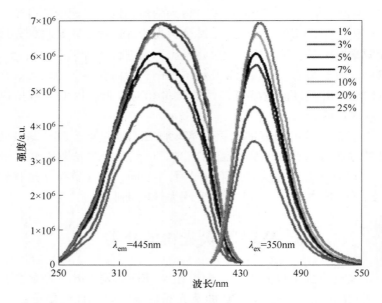

图 1-2 $BaAl_{12}O_{19}$：Eu^{2+} 的激发和发射光谱

$[SiO_4]^{4-}$ 四面体结构，根据四面体间不同的连接方式，形成了各种结构和类型的硅酸盐。由于硅酸盐结构的多样性，可能实现对硅酸盐类荧光粉发光的调控。例如，Y. Sato 等人报道了 Ca_2SiO_4：Eu^{2+} 荧光粉，在 365nm 激发下表现出宽光谱黄光发射，并且随着 Eu^{2+} 掺杂浓度的增加，光谱的发射峰逐渐红移，实现了从黄光到红光的大范围调控，如图 1-3 所示。

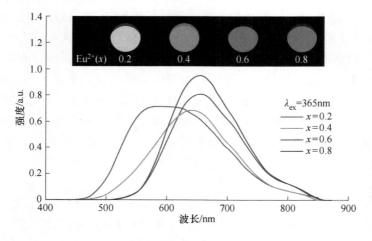

图 1-3 Ca_2SiO_4：Eu^{2+} 的发射光谱

1.3.3 磷酸盐

稀土掺杂的磷酸盐荧光粉由于其出色的热稳定性和化学稳定性而成为研究热点。常见的磷酸盐荧光粉主要有磷灰石结构 $(SrCa)_5(PO_4)_3Cl:Eu^{2+}$、正磷酸盐结构 $ABPO_4:Eu^{2+}$（A = Li，Na 和 K；B = Ca，Sr 和 Ba）和 $\beta-Ca_3(PO_4)_2:Eu^{2+}$ 等。例如，Eu^{2+} 掺杂的正磷酸盐结构的 $ABPO_4$ 类型（A = Li，Na，B = Ca，Sr，Ba）的荧光粉可以在 360nm 激发下发出蓝光，并且具有良好的热稳定性。而对于另一种具有 $\beta-Ca_3(PO_4)_2$ 结构的磷酸盐荧光粉，其是由空间群为 $R3c$ 六方结构结晶而成。例如，$Sr_8MgY(PO_4)_7:Eu^{2+}$ 与 $Sr_8MgLa(PO_4)_7:Eu^{2+}$ 激发带较宽，吸收波长在近紫外区域（250~450nm），如图 1-4 所示。

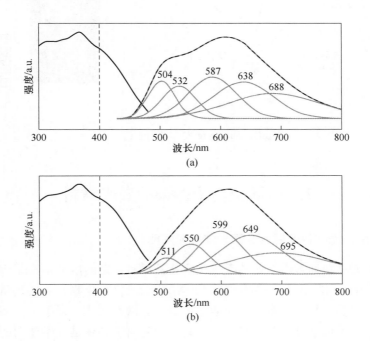

图 1-4 $Sr_8MgY(PO_4)_7:0.01Eu^{2+}$（a）和 $Sr_8MgLa(PO_4)_7:0.03Eu^{2+}$（b）
荧光粉的激发和发射光谱

1.3.4 硼酸盐

稀土离子掺杂到硼酸盐基质的晶格中形成发光中心，使得硼酸盐产生不同的发光特性。硼酸盐中不同 B—O 键的连接方式导致了具有不同结构硼酸盐的形成。例如，Huang 等人在 2015 年报道了 $LiBaBO_3:Eu^{2+}$ 荧光粉，该荧光粉在

365nm 紫外光激发下，发射光谱的最佳发射峰位于 498nm 处，发射带对称且相对较宽，半峰宽（FWHM）高达 80nm。在图 1-5 中，可以看到荧光粉在 365nm 紫外灯下发出明亮的青色。

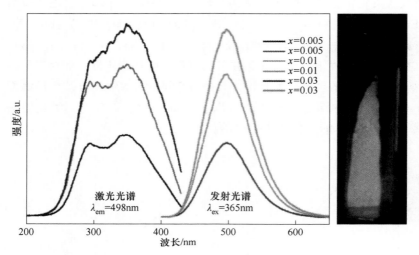

图 1-5 彩图

图 1-5　$LiBaBO_3:Eu^{2+}$ 的激发和发射光谱

1.4　稀土离子掺杂的发光材料

1.4.1　稀土发光材料的组成及其光致发光性能

　　稀土发光材料通常由选定的无机化合物基质和掺杂的激活剂离子组成。基质是发光材料的主体，通常是具有稳定晶体结构的无机化合物，主要是氧化物、含氧酸盐和一些多元复合体系。基质通常根据具有惰性气体元素电子构型的阳离子和闭壳层电子结构来设计和选择，而阳离子和阴离子必须是光学透明的。激活剂通常为稀土离子，当它掺杂到基质时，以离子形式占据基质中阳离子晶格的某个特定位置，形成发光中心。激活剂离子可以根据与基质中的取代离子相似的半径、半充满轨道或（nd^{10}）[（$n+1$）s^2] 电子构型来选择。

　　稀土发光材料的发光属于光致发光，是一种由光激发引起的发光现象。它可以分为三个阶段：吸收、能量传递和光的发射。光的吸收和发射都是发生在基态和激发态能级之间的跳跃，而能量传递是由于激发态的转移。紫外光、可见光以及红外光辐射的能量既可以被发光材料的基质吸收，又可以直接被发光中心（激活剂或杂质）吸收。

1.4.2　Eu²⁺离子的发光理论

稀土离子 Eu²⁺ 的发光源于 4f→5d 电子跃迁，其光谱对基质结构和化学成分很敏感。Eu²⁺ 离子的电子构型为 $1s^2 2s^2 2p^6 3s^2 3p^6 3d^{10} 4s^2 4p^6 4d^{10} 4f^7 5s^2 5p^6 6s^2$，即 [Xe]$4f^7$。Eu²⁺ 离子的 4f 亚层为半满壳层结构，7 个 4f 电子自旋平行地排列成 $4f^7$ 构型，基态光谱项为 $^8S_{7/2}$，最低激发态是由 $4f^7$ 组态内层或 $4f^6 5d^1$ 组态构成。一般来说，Eu²⁺ 的 $4f^7$ 组态比 $4f^6 5d^1$ 组态有更高的能量，所以 Eu²⁺ 的发光一般是由于基态 $4f^7$ 与 $4f^6 5d^1$ 最低激发态之间的电子跃迁。

对于自由的 Eu²⁺ 离子，在基态 4f 和最低激发态 5d 之间有大约 4.216eV（34000cm⁻¹）的能量差。因为 $4f^n$ 能级的劈裂与 5d 劈裂相比很小，所以 $4f^n$ 能级劈裂的影响通常不被考虑。如图 1-6(a) 所示，当 Eu²⁺ 离子掺入基质晶格（A）时，5d 能级受到基质晶体场环境的影响，会导致质心位移（ε_c）和晶体场劈裂（ε_{cfs}）的光谱红移 [$D(A)$]。Eu²⁺ 掺杂荧光粉的激发光谱由质心位移和晶体场劈裂决定，而发射光谱由最低 5d 能级和斯托克斯位移 [$\Delta S(A)$] 决定。因此，通过调节基质的晶体结构，可以改变质心位移、晶体场劈裂和斯托克斯位移，以此来调控 Eu²⁺ 掺杂荧光粉的激发和发射光谱。下面将分别介绍影响 Eu²⁺ 发光的几种机制和相关理论。

1.4.2.1　质心位移

电子云膨胀效应常用于解释 5d 能级的质心位移，这与基质晶格配位阴离子的极化率以及激活剂离子和阴离子之间的共价性有关。共价性增强会导致质心位移增大。质心位移与光谱极化率（α_{sp}）成正比，与阳离子的平均电负性（χ_{av}）成反比，计算如下：

$$\alpha_{sp} = \alpha_0 + \frac{b}{\chi_{av}^2} \tag{1-1}$$

$$\chi_{av} = \frac{1}{N_a} \sum_i^{N_c} \frac{z_i \chi_i}{\gamma} \tag{1-2}$$

式中，α_0 与 b 为常数；b 为阴离子极化率对阳离子电负性的敏感性；N_c 为化合物分子式中所含全部阳离子的数目；N_a 为全部阴离子数目；z_i 为 i 型阳离子的价态；γ 为阴离子的价态；χ_i 为 i 型阳离子的电负性。根据以往的研究结果，因为极化率对于电负性变化比较敏感，$b^F < b^O < b^N$。因此，质心位移大小的趋势是氮化物 > 氧化物 > 氟化物，说明光谱的红移可由 N³⁻ 离子代替 O²⁻ 离子或者 F⁻ 离子。

1.4.2.2　晶体场劈裂

晶体场劈裂通常与 Eu²⁺ 及其配位阴离子之间的键长，以及 Eu²⁺ 配位多面体的形状和体积等因素有关。基于点电荷模型，晶体场劈裂由公式（1-3）近似表示：

$$D_q = \frac{ze^2 r^4}{6R^5} \tag{1-3}$$

式中，D_q 为 5d 能级劈裂的大小；e 为电子的电荷；r 为波函数的半径；z 为阴离子的价态；R 为中心原子和配体之间的键长。因此，键长越短，晶体场越强，5d 能级分裂越大。多面体晶格畸变系数可以为晶体场劈裂提供支持，计算公式如下：

$$D = \frac{1}{n} \sum_{i=1}^{n} \frac{|d_i - d_{av}|}{d_{av}} \tag{1-4}$$

式中，d_i 为中心原子与第 i 个配体原子之间的键长；d_{av} 为平均键长；n 为配位数。多面体畸变系数越大，则晶体场劈裂越强。此外，通过对比稀土离子占据的多面体，发现晶体场劈裂与多面体形状、配位数和键长有很强的关联，可以用下式描述：

$$\varepsilon_{cfs} = \beta_{poly}^{Q} R_{av}^{-2} \tag{1-5}$$

$$R_{av} = \frac{1}{N} \sum_{i=1}^{N} (R_i - 0.6\Delta R) \tag{1-6}$$

式中，β_{poly}^{Q} 为取决于多面体形状的常数，与稀土离子的价态无关；R_{av} 为平均配位键长；R_i 为 N 配位阳离子键长，$\Delta R = R_M - R_{Ln}$。对于 Eu^{2+} 离子来说，β_{poly}^{Q} 为 $1.36 \times 10^5 \, eV \cdot pm^2$，并且 $\beta_{八面体} : \beta_{六面体} : \beta_{立方八面体} = 1 : 0.89 : 0.44$。根据上述分析，配位数越低，晶体场劈裂越强，而阴离子的类型并不会对晶体场劈裂产生影响。因此，想要使光谱发生红移可以通过选择平均键长短和畸变指数大的多面体的基质来增强晶体场劈裂。

1.4.2.3 斯托克斯位移

Eu^{2+} 掺杂稀土发光材料受到辐射激发后，其电子会从 4f 基态跃迁到 5d 激发态，而后弛豫到最低 5d 态，最终返回 4f 基态。由于这个弛豫过程，激发能量高于发射能量，故而将激发峰位与发射峰位之间的能量差定义为斯托克斯位移（ΔS），斯托克斯位移与平衡位置的偏移（ΔQ_e）的关系如下式所示：

$$\Delta S = (2S - 1)\hbar\omega \tag{1-7}$$

$$S = \frac{1}{2}\alpha(\Delta Q_e)^2 \tag{1-8}$$

式中，$\hbar\omega$ 为声子频率；S 为黄昆因子；$\hbar$ 为普朗克常数。电子-声子耦合的强度可以用 S 表征，若 $S < 1$，则为弱耦合结构；$1 < S < 5$，$S > 5$ 分别表示为中强耦合结构和强耦合结构。因此，声子能量和平衡位置偏移（ΔQ_e）共同决定了斯托克斯位移。此外，结构刚性强会限制晶格弛豫效应从而影响斯托克斯位移，使斯托克斯位移减小。德拜温度（Θ_D）是激活固体中最高能量振动所需的温度，并且与结构刚性有较强的关系，德拜温度越高，结构刚性越强。

1.4.2.4 发射峰带宽

具有 4f→5d 跃迁特性的 Eu^{2+}，其掺杂稀土发光材料一般具有较宽的发射峰。发射光谱较宽是由于振动能级之间辐射跃迁概率高且能态的平衡态间存在差异大。发射光谱的带宽也可以通过 Eu^{2+} 在晶体结构中取代的格位种类而改变，例如多发光中心会产生多种不同峰形和峰位的发射峰，此时发射峰变宽是由于这些发射峰的重叠。但当高对称的立方体格位的阳离子格位被 Eu^{2+} 取代时，就会有利于窄带发射的进行。一般，用半峰宽（full width at half maximum，FWHM）来表示光谱的带宽。通常随着温度的升高发射峰会随之变宽，公式如下：

$$FWHM^2 = 8\ln 2 S(\hbar\omega)^2 \coth\left(\frac{\hbar\omega}{2kT}\right) \tag{1-9}$$

式中，k 为玻耳兹曼常数；T 为温度。因此，可以通过测试半峰宽随温度的变化来确定位形坐标模型中的重要参数。

1.4.2.5 热猝灭行为机制

在实际使用 WLED 器件的过程中，荧光粉的发光性能会由于 LED 芯片温度升高而衰退，因此较强的热稳定性对荧光粉来说十分必要。故而想要获得热稳定性优异的荧光粉，需要对其热猝灭机制进行深刻研究。通常采用热电离和热激活交叉弛豫两种模型来解释荧光粉的热猝灭行为。热电离模型：激发态的电子会在温度升高时直接跃迁至导带，再通过非辐射跃迁过程回到基态从而产生热猝灭效应。如图 1-6（a）所示，最低 5d 能级到导带底的能量差为 ΔE，ΔE 越大，热猝灭性能越好。热激活交叉弛豫模型：激发态的电子在温度升高时会通过基态与激发态的交点 D，再由非辐射跃迁的形式返回基态［见图 1-6（b）］，从而产生热猝灭效应。ΔE 是最低激发态与交点 D 的能量差，ΔE 越大则热猝灭性能越好。可以利用阿伦尼乌斯经验公式来描述荧光粉的热猝灭行为：

$$I_T = \frac{I_0}{1 + A\exp\left(-\dfrac{\Delta E}{kT}\right)} \tag{1-10}$$

式中，I_0 和 I_T 分别为室温和温度 T 下的发光强度；A 为常数；ΔE 为热激活能；k 为玻耳兹曼常数。

1.4.3 Eu^{2+} 离子掺杂发光材料

在一些基质材料掺杂 Eu^{2+} 离子时，处于重叠位置的是 Eu^{2+} 离子的 $4f^6$ 与

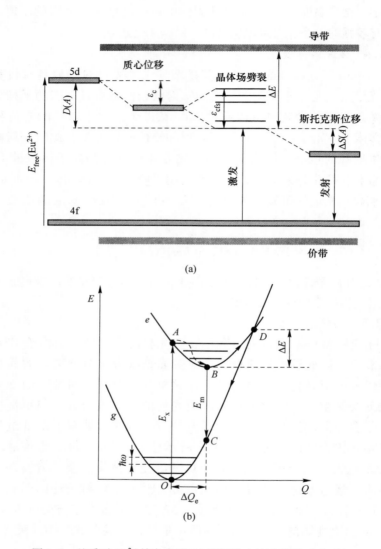

图 1-6　基质对 Eu^{2+} 掺杂离子 5d 能级影响的示意图（a）和
位形坐标模型示意图（b）

5d 组态，其 $5s^2 5p^6$ 电子层的保护作用对 d 轨道形成的新能级无效，周围的电场对其影响较大，会导致形变时所有的已分裂的单个的能级重新并在一起，也正是因为这种特性的存在，较宽的发射光谱带通常出现于 Eu^{2+} 离子掺杂的发光材料中。

图 1-7 所示为可商用蓝色荧光粉材料 $Sr_5(PO_4)_3Cl:Eu^{2+}$ 在掺杂不同 Eu^{2+} 浓度下激发和发射的光谱，277nm 和 444nm 分别为最佳激发和发射波长，由图可知掺

杂浓度为 0.1% 时发光强度最佳，并且该荧光粉在 150℃时其发射强度仍可以达到室温时的 87.61%，足见其作为商业荧光粉热稳定性的优异。

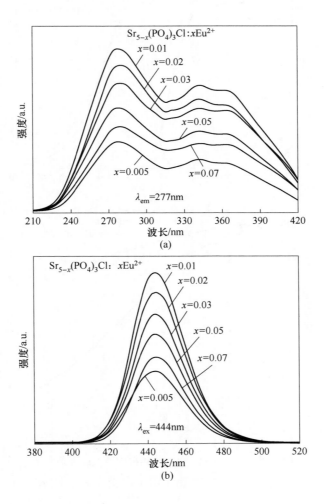

图 1-7　$Sr_5(PO_4)_3Cl:Eu^{2+}$ 荧光粉激发（a）和发射（b）光谱

图 1-8 所示为可用于商业用途的 $(Sr_{0.5}Ba_{0.5})Si_2N_2O_2:Eu^{2+}$ 荧光粉材料的激发和发射光谱以及样品的热稳定性与 $YAG:Ce^{3+}$ 性能的对比图。$(Sr_{0.5}Ba_{0.5})Si_2N_2O_2:5\%Eu^{2+}$ 荧光粉样品的最佳激发峰和最佳发射峰分别位于 460nm 和 565nm 处。并且在 150℃时，$(Sr_{0.5}Ba_{0.5})Si_2N_2O_2:5\%Eu^{2+}$ 荧光粉的热稳定性仍可保持在 90% 左右，而 $YAG:Ce^{3+}$ 荧光粉的热稳定性仅为 68%，证明其有十分优异的热稳定性。

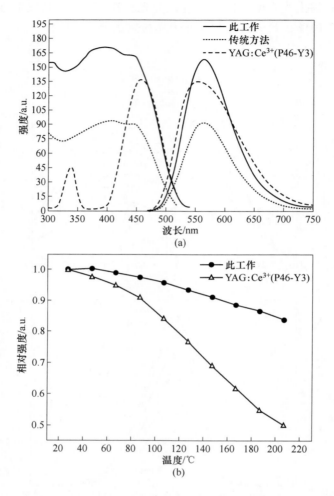

图 1-8 $(Sr_{0.5}Ba_{0.5})Si_2N_2O_2:Eu^{2+}$ 荧光粉的激发和发射光谱（a）和
热稳定性（b）与商用 $YAG:Ce^{3+}$ 荧光粉的对比图

1.5 基于 Eu^{2+} 离子发光材料的格位工程调控

从上述关于 Eu^{2+} 离子 $4f \rightarrow 5d$ 跃迁发光理论依据可见，Eu^{2+} 掺杂离子占据格位所处的局域环境对荧光粉的发光行为起着重要的作用。因此，阐明 Eu^{2+} 离子格位占据与发光性能之间的构效关系是开发和优化新型发光材料以及实际应用的重要理论依据。近几年，研究人员在利用 Eu^{2+} 掺杂离子格位工程来调节荧光粉发光性能方面做了很多探索工作，在此将介绍前人对于 Eu^{2+} 离子格位工程研究所做的工作，同时提出我们的一些研究想法。

（1）Woon Bae Park 等人发现在 Ca$_{15}$Si$_{20}$O$_{10}$N$_{30}$ 晶格中的 Ca 格位有五种不同格位，并且 Eu^{2+} 离子在 Ca 格位中的占据概率会随着 Eu^{2+} 掺杂量的增加而改变，从而导致发射光谱从黄光向红光范围移动，如图 1-9 所示。

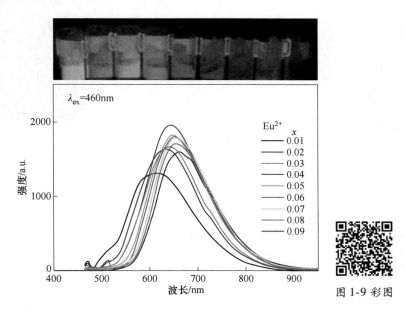

图 1-9 彩图

图 1-9　不同 Eu^{2+} 掺杂浓度的 Ca$_{15}$Si$_{20}$O$_{10}$N$_{30}$: xEu^{2+} 发射光谱及荧光粉照片

（2）夏志国等人设计了一种新型的 β-Ca$_3$(PO$_4$)$_2$ 固溶体荧光粉 (Ca$_{8.98-x}$Sr$_x$)MgK(PO$_4$)$_7$: 2% Eu^{2+} (x = 0 ~ 8.98)，如图 1-10 所示。在该固溶体中，通过改变 Ca 与 Sr 的比例，成功调控了 Eu^{2+} 在 Ca/Sr(1)、Ca/Sr(2)、Ca/Sr(3) 和 K(4) 格位中的占据比例，使得 (Ca$_{8.98-x}$Sr$_x$)MgK(PO$_4$)$_7$: 2% Eu^{2+} 荧光粉发射光谱由冷白光变为暖白光，并得到了一种高显色指数的单一基质白光荧光粉。

（3）Volker Bachmann 等人研究了利用高效 LED 荧光粉 Sr$_{1-x-y-z}$Ca$_x$Ba$_y$Si$_2$O$_2$N$_2$: Eu$_z^{2+}$ ($0 \leqslant x$, $y \leqslant 1$; $0.005 \leqslant z \leqslant 0.16$) 调色的可行性。通过改变 Eu^{2+} 的浓度和用 Ca^{2+} 或 Ba^{2+} 取代基质晶格阳离子 Sr^{2+} 两种方式可以调节发光颜色。Eu^{2+} 浓度的变化表明，当 Eu^{2+} 浓度大于 2% 时，发射峰发生红移，如图 1-11 所示。Ca^{2+} 或 Ba^{2+} 部分取代 Sr^{2+} 也导致 Eu^{2+} 发射红移。

（4）刘如熹等人在 (Sr$_{1-x}$Ba$_x$)Si$_2$O$_2$N$_2$: Eu^{2+} ($0 \leqslant x \leqslant 1$) 荧光粉体系中发现，随着 Sr 被 Ba 取代并且含量逐渐增加时，(Sr$_{1-x}$Ba$_x$)Si$_2$O$_2$N$_2$: Eu^{2+} 会出现三种物相之间的转变，而 Eu^{2+} 离子在 Ba 和 Sr 格位中所占据的比例会发生改变，使光谱由黄绿光变为蓝光，如图 1-12 所示。这是因为当 Eu 占据 Sr 格位时，具有较短

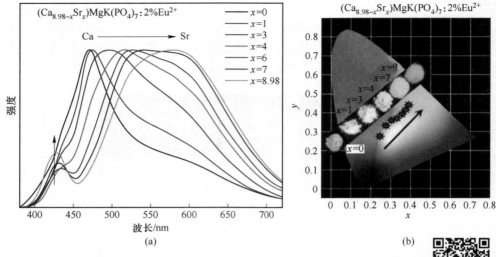

图 1-10 　$(Ca_{8.98-x}Sr_x)MgK(PO_4)_7:2\%Eu^{2+}$（$x=0\sim8.98$）荧光粉
的发射光谱（a）和 $(Ca_{8.98-x}Sr_x)MgK(PO_4)_7:2\%Eu^{2+}$
样品的 CIE 色度图和一系列数码照片（b）

图 1-10 彩图

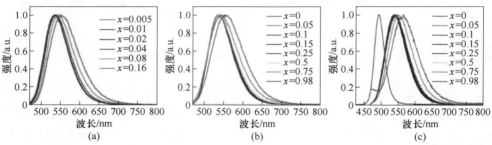

图 1-11 　不同 Eu^{2+} 掺杂浓度的 $(Sr,Ca,Ba)Si_2O_2N_2:xEu^{2+}$ 发射光谱
（a）$Sr_{0.98-x}Eu_xSi_2O_2N_2$；（b）$Sr_{0.98-x}Ca_xSi_2O_2N_2:2\%Eu$；
（c）$Sr_{0.98-x}Ba_xSi_2O_2N_2:2\%Eu$

图 1-11 彩图

的 Eu—O 键长，从而发射黄光；当 Ba 被引入后，一部分 Eu 将占据 Ba 的格位，
具有较长的 Eu—O 键长，从而发射蓝光。

（5）Yasushi Sato 等人在 $M_{2-x}Eu_xSiO_4$（M=Sr 和 Ba）体系中探究了光谱调控
现象。如图 1-13 所示，随着 Eu^{2+} 掺杂浓度的增加，$M_{2-x}Eu_xSiO_4$（M=Sr 和 Ba）
的发射光谱和激发光谱均发生了红移。两个样品的发射光谱和激发光谱中出现大
的红移可以归因于 Eu^{2+} 离子在 Sr（2）或 Ba（2）格位的多面体中的占位，因为
Sr（2）或 Ba（2）格位比 Sr（1）或 Ba（1）格位更小，更扭曲。

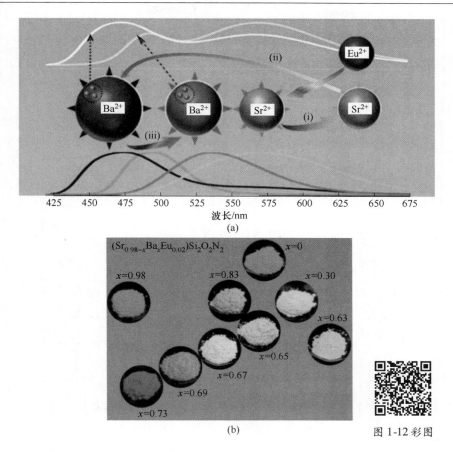

图 1-12 $(Sr_{1-x}Ba_x)Si_2O_2N_2:Eu^{2+}$ 的发射光谱（a）及荧光粉照片（b）

（6）夏志国等人研究了利用双阳离子取代调控稀土离子格位工程。在 $(CaMg)_x(NaSc)_{1-x}Si_2O_6:Eu^{2+}$ 荧光粉中，用 CaMg 取代 NaSc 会产生两种不同的发光中心。Eu^{2+} 占据 Na^+ 位发射黄光，而 Eu^{2+} 占据 Ca^{2+} 位发射蓝光。通过调节不同格位 Eu^{2+} 的占据比例，蓝光和黄光发射比例得到有效调控，如图 1-14 所示。

（7）Jung 等人制备了 $CaAlSiN_3:Eu^{2+}$ 荧光粉，通过调节阳离子基团 Al/Si 的比例，使发光颜色由橙光变为红光，如图 1-15 所示。在富含 Al 的环境中，较短的 Ca—N 键长导致较大的晶体场劈裂，发射出红光；而在富含 Si 的环境中，发射出橙光。

（8）Wang 等人通过基团阳离子和基质阳离子共取代调控了 $CaAlSiN_3:Eu^{2+}$ 的光谱。Li^+/Si^{4+} 取代 Ca^{2+}/Al^{3+} 导致光谱变宽，而 La^{3+}/Al^{3+} 取代 Ca^{2+}/Si^{4+} 导致光谱蓝移，如图 1-16 所示。这是因为 La^{3+} 取代 Ca^{2+} 引起晶格膨胀，减弱了占据 La 位的 Eu^{2+} 离子的晶体场劈裂，导致光谱蓝移；引入 Li^+/Si^{4+} 后，Si^{4+} 离子

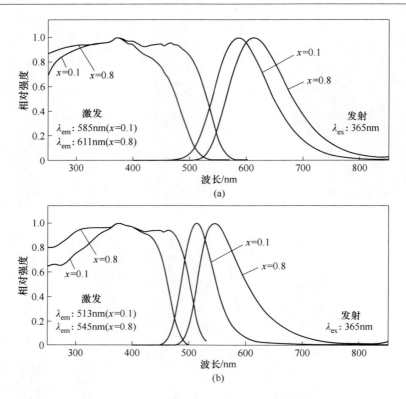

图 1-13　$M_{2-x}Eu_xSiO_4$（M = Sr 和 Ba）的激发和发射光谱

（a）$Sr_{2-x}Eu_xSiO_4$；（b）$Ba_{2-x}Eu_xSiO_4$

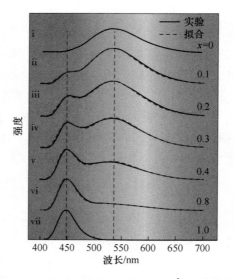

图 1-14 彩图

图 1-14　$(CaMg)_x(NaSc)_{1-x}Si_2O_6:Eu^{2+}$ 的发射光谱

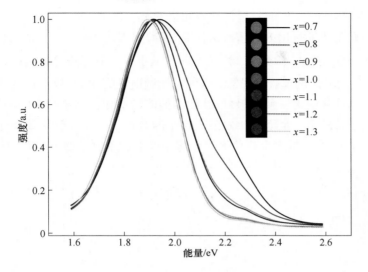

图 1-15 彩图

图 1-15　CaAlSiN₃：Eu²⁺ 的发射光谱

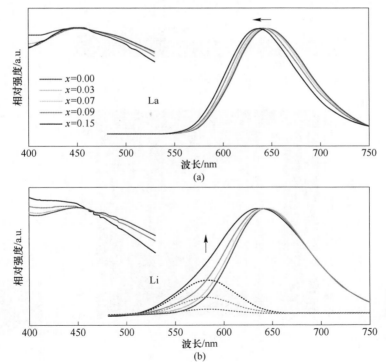

图 1-16 彩图

图 1-16　通过 La³⁺/Al³⁺ 取代 Ca²⁺/Si⁴⁺（a）、Li⁺/Si⁴⁺ 取代
Ca²⁺/Al³⁺（b）调控 CaAlSiN₃：Eu²⁺ 发光

调控 Eu^{2+} 在两种不同 Ca 位的分布，导致光谱变宽。

（9）王育华等人通过用 Rb^+ 依次取代 $K_2CaPO_4F:Eu^{2+}$ 中的 K^+，成功合成了一系列 $Rb_xK_{2-x}CaPO_4F:Eu^{2+}$（$0 \leqslant x \leqslant 2$）荧光粉。随着掺入 Rb^+ 浓度的增加，Eu^{2+} 激发的荧光粉的发射光谱出现蓝移现象。这种发光调谐是因为 K^+ 被 Rb^+ 取代，所以产生了较低的晶体场劈裂，使得最低 5d 能级的能量增加，晶体结构的刚性增强，导致斯托克斯位移减小，从而发生发射光谱中的蓝移。时间分辨光致发光光谱进一步证实了由于 Eu^{2+} 占据多个格位而产生宽带发射的现象，如图 1-17 所示。

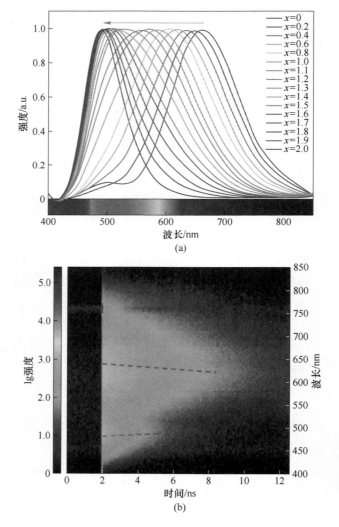

图 1-17　$Rb_xK_{2-x}CaPO_4F:Eu^{2+}$（$0 \leqslant x \leqslant 2$）的归一化发射光谱（a）和

$K_2CaPO_4F:0.01Eu^{2+}$ 的时间分辨光致发光光谱（b）

（10）Liao 等人通过在 $Rb_{0.5}K_{1.5}Ca_{0.995}PO_4F:0.5\%Eu^{2+}$ 荧光粉中引入少量的 Cl^- 离子，有效控制了 Eu^{2+} 离子在 Ca 格位或 K/Rb 格位的选择性占据，获得了宽带白光发射的 $Rb_{0.5}K_{1.5}Ca_{0.995}PO_4F_{0.8}Cl_{0.2}:0.5\%Eu^{2+}$ 荧光粉。低浓度 Eu^{2+} 掺杂时，Cl^- 离子对 F^- 离子的部分取代导致 Eu^{2+} 的主要取代位由 Ca 位变为 K/Rb 位。最终实现了高度可控的光谱调谐，发射颜色从橙红色（615nm）到白色再到蓝色（480nm）。图 1-18 为 $R_{0.5}K_{1.5}CPOF_{1-x}Cl_x:0.5\%Eu^{2+}(x=0\sim0.3)$ 荧光粉的发射光谱。

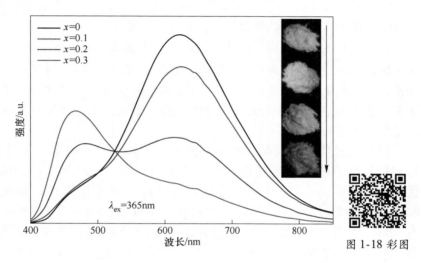

图 1-18 彩图

图 1-18　$R_{0.5}K_{1.5}CPOF_{1-x}Cl_x:0.5\%Eu^{2+}(x=0\sim0.3)$ 荧光粉的发射光谱

由上述文献调研可知，研究人员已经探讨了许多关于 Eu^{2+} 离子掺杂格位工程的相关问题，但大多数工作仅限于通过取代发光材料中阳离子/阴离子调控光谱的研究，而对于 Eu^{2+} 离子浓度调控和压力调控的格位选择性占据研究较少。因此为了丰富 Eu^{2+} 离子的发光理论，推进 Eu^{2+} 掺杂发光材料在固态照明领域的发展，在前人研究的基础上对 Eu^{2+} 离子掺杂荧光粉的格位选择性占据展开了进一步研究。基于此，本书选取具有多个阳离子格位的硅酸盐、磷酸盐及硼酸盐型化合物作为研究对象，提出了从 Eu^{2+} 掺杂离子格位工程的角度出发，研究 Eu^{2+} 离子掺杂荧光粉的格位占据与发光性能之间的关系，从而丰富了稀土离子格位工程理论，指导在固态照明领域对荧光粉的进一步探索。

1.6　研究意义、研究内容与创新点

1.6.1　研究意义

近年来，在 LED 照明领域，Eu^{2+} 离子掺杂发光材料格位占据调控是研究热

点，因此探索 Eu^{2+} 离子掺杂发光材料的格位占据和发光性能之间的内在关联具有重要意义。基于此，本书中选取以具有 $4f \rightarrow 5d$ 跃迁的 Eu^{2+} 离子作为研究对象，探讨了 Eu^{2+} 离子格位占据与发光性能之间的构效关系，对 Eu^{2+} 离子掺杂发光材料的发展具有一定的意义。

1.6.2　研究内容

本书中内容详细探究了硅酸盐、磷酸盐、硼酸盐三类化合物中 Eu^{2+} 离子格位占据与发光性能之间的构效关系，具体内容如下：

（1）$K_2HfSi_2O_7$ 中 Eu^{2+} 的格位占据与压力驱动下光谱调控研究。通过高温固相法制备了新型蓝色荧光粉 $K_2HfSi_2O_7:Eu^{2+}$，并通过 Rietveld 精修、低温光谱和理论计算，获得了其在常压下 Eu^{2+} 离子占位的信息。在不同压力诱导下，讨论了 Eu^{2+} 的格位占据和发光动力学对压力的依赖性。最终制备的 WLED 器件可以满足照明领域的需求。

（2）通过传统的高温固相法制备了一种具有有效的蓝光发射和出色的热稳定性新型的磷酸镁荧光粉 NRMP：Eu^{2+}。通过改变 Eu^{2+} 离子的掺杂浓度，优化了 NRMP：Eu^{2+} 荧光粉的光致发光性能，并详细研究了浓度猝灭机理。NRMP：$0.015Eu^{2+}$，$0.015Li^+$ 荧光粉在 454nm 处发射窄带，半峰宽（FWHM）为 49nm。此外，它们具有较高的热稳定性。当温度达到 140℃时，发射强度仍保持其初始强度的 96%。最终，制造了具有高显色指数（Ra = 85.81）、适当的相关色温（4468K）的白光 LED。所有结果表明，NRMP：Eu^{2+} 可以作为高功率白色 pc-LED 的优良蓝色发射荧光粉。

（3）首次采用高温固相法制备了 Eu^{2+} 和 Eu^{2+}/Mn^{2+} 共掺杂的 NKMP 荧光粉。在 250～420nm 的紫外-近紫外光激发下，NKMP：Eu^{2+} 荧光粉显示以 447nm 为中心的蓝光发射，其源于 Eu^{2+} 离子分别占据基质中三个不同的晶体场位置：Eu^{2+}（Ⅰ）、Eu^{2+}（Ⅱ）和 Eu^{2+}（Ⅲ）。通过发光光谱和衰减曲线观察并研究了 Eu^{2+}（Ⅰ）-Eu^{2+}（Ⅱ）-Eu^{2+}（Ⅲ）和 Eu^{2+}-Mn^{2+} 中的能量转移过程。

（4）采用传统高温固相法制备了 Eu^{2+} 活化的 NCMP：Eu^{2+} 蓝色发光荧光粉。用 X 射线粉末衍射和 Rietveld 精修对材料相纯度和晶体结构进行了研究。研究了样品的光致发光性能、热稳定性、色度坐标、荧光衰减曲线和能量传递机制。所有结果表明，NCMP：Eu^{2+} 可以作为高功率白色 pc-LED 的优良蓝色发射荧光粉。

（5）$Ca_{19}MgNa_2(PO_4)_{14}$ 中 Eu^{2+} 格位工程与光谱调控。本研究基于 Eu^{2+} 掺杂浓度的调节，获得了覆盖整个可见光范围的宽发射带 $Ca_{19}MgNa_2(PO_4)_{14}:Eu^{2+}$ 荧光粉。发射光谱依赖于 Eu^{2+} 掺杂量，Van Uitert 提出的经验公式和衰减曲线提供了不同掺杂量下 Eu^{2+} 格位占位偏好、特征发光性质和发光动力学的详细信息。此外，由 $Ca_{19}MgNa_2(PO_4)_{14}:0.75\% Eu^{2+}$ 荧光粉和紫外 LED 芯片制备的 WLED 器件可以发射覆盖全光谱的白光，具有较低的色温和合适的色坐标（0.308，0.346），表明 $Ca_{19}MgNa_2(PO_4)_{14}:Eu^{2+}$ 荧光粉具有应用于光学领域的潜力。

（6）$KSr_4B_3O_9$ 中 Eu^{2+} 离子的格位占据与发光性能研究。采用高温固相法成功制备了黄光发射的硼酸盐 $KSr_4B_3O_9:Eu^{2+}$ 荧光粉。根据低温光谱、瞬态光谱和 Eu^{3+} 离子作为阳离子占位探针的发射光谱，确定了 Eu^{2+} 优先占据 Sr^{2+} 的格位。在 460nm 激发下，荧光粉呈现明亮的黄光发射，发射峰值位于 560nm 处。宽的激发带和发射带可归因于较大的质心位移 ε_c、较强的晶体场劈裂 ε_{cfs} 和较大的斯托克斯位移 ΔS。最终通过封装获得的 WLED 器件有潜力应用于固体照明领域。

1.6.3 创新点

（1）迄今为止，对荧光粉施加外部压力并探究其光学应用的研究较少，同时发光颜色对压力的灵敏度较差，限制了其进一步的应用。因此，提出了一种压力驱动的颜色可调荧光粉 $K_2HfSi_2O_7:Eu^{2+}$。由于压力诱导 Eu^{2+} 格位的调控和 5d→4f 跃迁的独特性质，荧光粉表现出出色的发射强度、高压下的相稳定性、优异的发光可逆性和压力灵敏度。优秀的发光性能表明 $K_2HfSi_2O_7:Eu^{2+}$ 可以作为一种潜在的发光材料用于固态照明和光学压力传感器。

（2）目前，pc-LED 众多实现方案中，"近紫外（n-UV）LED 芯片 + 三基色（红，蓝和绿）/单一基质颜色可调荧光粉"的方案被认为具有非常大的应用潜力。然而，目前能够直接用于此方案的高效蓝色和单一基质颜色可调荧光粉种类匮乏，因此亟须开发新型蓝光发射荧光粉并探究其发光性能。磷酸盐类化合物作为一类重要的无机材料，以其较高的离子电导率、较低的热膨胀率和较高的化学稳定性而受到学术界和工业界的广泛关注。本书通过高温固相法制备了高效蓝光发射的 $Na_3XMg_7(PO_4)_6:Eu^{2+}$（X = K，Rb，Cs）荧光粉。并对系列荧光粉的晶体结构、相纯度、发光特性、热稳定性和能量传递机理等性能进行了详细的研究。

（3）β-$Ca_3(PO_4)_2$ 结构难以做到单一激活剂离子掺杂得到白光发射，因此采用高温固相法制备了一种新型的 β-$Ca_3(PO_4)_2$ 结构的单一基质白光发射 $Ca_{19}MgNa_2(PO_4)_{14}:Eu^{2+}$ 荧光粉。通过理论计算、Rietveld 精修结果和衰减曲线表征了 Eu^{2+} 离子在不同阳离子格位的选择性占据和发光性能之间的关系，为多种阳离子格位掺杂单一基质白光发射荧光粉提供了理论基础。

（4）到目前为止，可以被蓝光激发的 Eu^{2+} 离子激活的黄色荧光粉对蓝光（约 460nm）较少。书中采用高温固相法制备了一种黄光发射的硼酸盐 $KSr_4B_3O_9:Eu^{2+}$ 荧光粉。通过 Rietveld 精修、低温发射光谱和 Eu^{3+} 荧光探针确定了 $KSr_4B_3O_9$ 样品中 Eu^{2+} 的选择性占位情况，得到最大激发峰位于 460nm，发射峰位于 560nm 的黄光发射。优秀的发光性质说明该荧光粉可以作为固态照明领域的潜在发光材料。

2 样品制备与表征

2.1 引　　言

现如今在无机发光材料领域，研究人员开发出了多种制备方法，除了传统的高温固相法之外，还包括共沉淀法、热注入法、水热法以及反溶剂重结晶法等。考虑到工业批量生产过程中成本、稳定性、可重复性以及产量等方面要求，实验中的发光材料使用高温固相法来制备。

2.2　样品的制备

2.2.1　实验原料

本实验所用实验原材料供应厂家信息见表 2-1。

表 2-1　实验原料　　　　　　　　　　　（%）

名　称	化 学 式	纯度	厂　家
碳酸钾	K_2CO_3	99	阿拉丁化学试剂有限公司
碳酸钙	$CaCO_3$	99.5	阿拉丁化学试剂有限公司
碳酸钠	Na_2CO_3	99.8	阿拉丁化学试剂有限公司
碳酸锶	$SrCO_3$	99	阿拉丁化学试剂有限公司
氧化铪	HfO_2	99.9	阿拉丁化学试剂有限公司
氧化硅	SiO_2	99	国药集团化学试剂有限公司
氧化铕	Eu_2O_3	99	阿拉丁化学试剂有限公司
硼酸	H_3BO_3	99.5	阿拉丁化学试剂有限公司
磷酸氢二铵	$(NH_4)_2HPO_4$	99	阿拉丁化学试剂有限公司
碱式碳酸镁	$(MgCO_3)_4 \cdot Mg(OH)_2 \cdot 5H_2O$	98	阿拉丁化学试剂有限公司
碳酸钠	Na_2CO_3	99.8	国药集团化学试剂有限公司
硝酸铷	$RbNO_3$	99.5	国药集团化学试剂有限公司
碳酸铯	Cs_2CO_3	99.8	国药集团化学试剂有限公司
碱式碳酸镁	$Mg(OH)_2 \cdot 3MgCO_3 \cdot 3H_2O$	98	国药集团化学试剂有限公司
磷酸氢二铵	$(NH_4)_2HPO_4$	99	国药集团化学试剂有限公司
碳酸锂	Li_2CO_3	99.9	国药集团化学试剂有限公司

2.2.2 实验仪器

本实验所使用的实验仪器设备型号以及厂家信息见表2-2。

表 2-2 实验设备

实 验 仪 器	型 号	厂 家
电子天平	BAS224S	赛多利斯科学仪器有限公司
高温箱式气氛炉	GSL-1200X	合肥科晶材料有限公司
移液器	2~10mL	大龙兴创实验仪器有限公司
电热恒温干燥箱	101-0AB	天津市泰斯特仪器有限公司
X射线衍射仪	DX-2700BH	丹东浩元仪器有限公司
紫外/可见光分光光度计	Lambda 750 UV/Vis/NIR	日本岛津公司
X射线光电子能谱	K-Alpha +	赛默飞世尔科技有限公司
场发射扫描电子显微镜	HITACHI S-4800	日本日立公司
场发射能谱分析仪	HITACHI S-4800	日本日立公司
高分辨率透射电子显微镜	Tecnai F30	荷兰飞利浦公司
荧光分光光度计	Spectrofluorometer FLS-1000	英国爱丁堡公司
荧光分光光度计	Spectrofluorometer FS5	英国爱丁堡公司

2.2.3 样品制备方法以及流程

在固体发光领域，高温固相法因制备工艺简单高效，可重复性强，成本较低等优点，被广泛应用于实验室和工业生产。书中所有荧光粉制备方法均由高温固相法合成，具体的制备过程如图2-1所示。

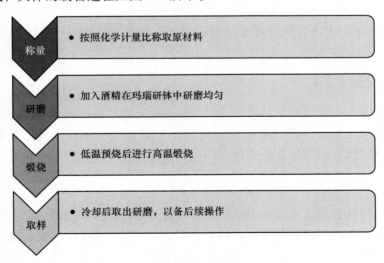

- **称量** ● 按照化学计量比称取原材料
- **研磨** ● 加入酒精在玛瑙研钵中研磨均匀
- **煅烧** ● 低温预烧后进行高温煅烧
- **取样** ● 冷却后取出研磨，以备后续操作

图 2-1 高温固相法制备流程图

　　使用电子天平，将所有原料按化学计量比称重之后放在玛瑙研钵中，加入酒精后充分研磨，然后将研磨后的混合物置于氧化铝坩埚中，最后在高温管式炉内在还原气氛下（15% H_2/85% N_2）进行煅烧，反应结束后等待样品缓慢冷却至室温。取出样品研磨至粉末状态以进行下一次测量。

2.3　样品测试与表征

2.3.1　X 射线衍射仪

　　X 射线衍射仪（X-ray Diffraction，XRD）是一种最为常见的物相分析手段。制备的所有样品的物相信息通过丹东浩元仪器有限公司 DX-2700BH 型 X 射线衍射仪测试完成。

2.3.2　扫描电子显微镜及能谱分析仪

　　扫描电子显微镜（Scanning Electron Microscope，SEM）是用于观察材料表面形貌的主要设备，能谱分析仪（Energy Dispersive Spectrometer，EDS）是用来检测样品中元素种类以及元素含量的表征设备，通常情况下两者搭配使用。本书介绍的所有制备的样品的形貌与能谱信息均来自日本日立有限公司 HITACHI S-4800 型场发射扫描电子显微镜测试获得。

2.3.3　荧光分光光度计

　　荧光分光光度计（Fluorescence Spectrophotometer）是一种重要的光学性能检测手段。书中所有样品的光致发光光谱采用英国爱丁堡公司生产的 Spectrofluorometer FS5 荧光分光光度计以及 Spectrofluorometer FLS-1000 荧光分光光度计共同测试完成。

2.3.4　荧光量子产率

　　荧光量子产率是反映样品荧光发射能力的决定性参数。本书中，测量荧光量子产率的设备是配备有积分球的爱丁堡 FLS-1000 荧光光谱仪，样品制备方法与测试荧光光谱的样品制备方法一样。

2.3.5　变温光谱

　　变温光谱通过测量样品在不同温度下的发射光谱而得到数据。本书中，测量荧光变温光谱的设备是配备有加热器的爱丁堡 FS5 荧光光谱仪和配备有液氮的爱丁堡 FLS-1000 荧光光谱仪，样品制备方法与测试荧光光谱的样品制备方法一样。

3 用于光学压力传感器和 WLED 的铕掺杂铪硅酸盐光学性能研究

3.1 引　言

在自然中存在的压力，能够显著影响人类生活的方方面面，因而被广泛研究以利用于科学和预测未来。因此，可应用于光学压力传感器的压力变色光学材料因其优异的光学性能和高视觉灵敏度引发了巨大的研究热潮。迄今为止，稀土掺杂的荧光粉由于其丰富、多变的结构和光谱特性而被广泛研究。特别是其可调的光谱范围、强的发光效率和特征寿命，可以选择它们作为光学压力传感器的材料。然而，已报道的稀土离子/过渡金属离子掺杂的无机化合物存在各种问题。例如，$Al_2O_3:Cr^{3+}$ 和 $YAlO_3:Cr^{3+}$ 对压力的敏感性比红宝石好，但发光强度对压力的可持续性差强人意。此外，其他基于 $SrFCl:Sm^{2+}$ 和 $BaLi_2Al_2Si_2N_6:Eu^{2+}$ 的传感器也表现出较好的发射强度，但灵敏度较差，限制了其进一步应用。因此，为了解决这个棘手的问题，我们提出了一种在不同压力下使用具有两个独立晶体学格位的 Eu^{2+} 掺杂 Khibinskite 结构的方法。在所有的稀土离子中，发生 d→f 跃迁的 Eu^{2+} 离子具有以下特点：（1）跃迁伴随着高发光强度和短荧光寿命的宽带发射，通常处于纳秒级别；（2）由于 5d 电子暴露在最外层，能级容易受到周围环境的影响，从而导致能级的分裂。因此，可以通过外加压力、改变基质的组成和调节基质的结构来获得可调的发射光。在基质方面，选择 $A_2BSi_2O_7$（A = Na，K，Rb；B = Zr 和 Hf）作为目标结构，该结构具有以下优点：（1）Khibinskite 结构具有稳定明确的三维网络结构，因此，可以更合理地分析压力引起的光谱变化；（2）现有的 Khibinskite 荧光粉可以表现出超常的光学性质（量子效率高、热猝灭小等）；（3）两个单独的晶体学 K 阳离子格位在压缩过程中给出了更强的敏感性潜力。到目前为止，$K_2HfSi_2O_7:Eu^{2+}$ 的光学性能以及 Eu^{2+} 离子在 $K_2HfSi_2O_7$ 中的压力诱导占据偏好性还没有被详细研究。

作者为了评估在大气压和不同压力下光学特性的内在机制，以及探索在光学压力传感器中的潜在应用，在本书首次报道了一种具有 Khibinskite 结构的压力敏感的 Eu^{2+} 掺杂的无机化合物 $K_2HfSi_2O_7$，其在压缩过程中可以表现出较大的红移（$d\lambda/dP \approx 3.25$ nm/GPa）。同时，当压力增加到 19.8 GPa 时，$K_2HfSi_2O_7:Eu^{2+}$ 的 CIE 坐标由（0.1686，0.2238）变为（0.2488，0.3694），发光颜色由蓝色变为绿色。$K_2HfSi_2O_7 : Eu^{2+}$ 在压缩和释放过程中还表现出优异的相位稳定性和出色的发光强度。同时，优异的发光特性表明 $K_2HfSi_2O_7 : 5\%Eu^{2+}$ 荧光粉可以作为固态照明领域的潜在应用材料。

3.2　结果与讨论

3.2.1　物相分析

$K_2HfSi_2O_7 : xEu^{2+} (0 \leqslant x \leqslant 11\%)$ 系列样品的 XRD 图谱如图 3-1(a) 所示。相似的 XRD 结晶度和峰位表明除了 $K_2HfSi_2O_7 : 11\%Eu^{2+}$ 样品外，其余样品均为纯相，并未出现额外的氧化物杂质峰。同时，随着 Eu^{2+} 离子掺杂浓度的增加，衍射峰向较大的 2θ 方向移动，晶格参数减小，表明基质晶格收缩。为了进一步研究 Eu^{2+} 离子对晶体学阳离子格位占据的情况，并解释 $K_2HfSi_2O_7 : xEu^{2+}$ 的光致发光演化，采用 Davolos 提出的相关理论方程来区分 Eu^{2+} 离子的占位。

在 $K_2HfSi_2O_7$ 基质中，Eu^{2+} 有效取代 K^+ 和 Hf^{4+} 离子的要求是稀土与基质阳离子的半径差不得超过 30%。式（3-1）可以计算出半径百分比偏差：

$$D_r = \frac{R_m(CN) - R_d(CN)}{R_m(CN)} \times 100\% \qquad (3-1)$$

式中，$R_m(CN)$ 为阳离子半径；$R_d(CN)$ 为取代稀土离子半径。根据 Shannon 报道的有效离子半径，K^+ 的离子半径分别为 1.46×10^{-10}m（CN = 7）和 1.51×10^{-10}m（CN = 8）；Hf^{4+} 的离子半径为 0.71×10^{-10}m（CN = 6）；Eu^{2+} 的离子半径分别为 1.17×10^{-10}m（CN = 6）、1.20×10^{-10}m（CN = 7）和 1.25×10^{-10}m（CN = 8）。Eu^{2+} 和 Hf^{4+} 之间以及 K1 和 K2 之间的 D_r 值可分别近似为 64.7%、17.8% 和 17.2%。结果表明，Eu^{2+} 掺杂更倾向于占据 K^+ 格位而不是 Hf^{4+} 格位，且上述衍射峰向大角度偏移也能支持该观点。

图 3-1(b) 和（c）是 $K_2HfSi_2O_7$ 和 $K_2HfSi_2O_7 : 5\%Eu^{2+}$ 的 X 射线衍射（XRD）精修结果，使用 $K_2ZrSi_2O_7$ 为标准模型。黑色符号 × 和连续红线分别表示测量和计算数据。微小的偏差证明 $K_2HfSi_2O_7$ 和 $K_2HfSi_2O_7 : 5\%Eu^{2+}$ 的测量数据与计算的 XRD 图谱能够很好地拟合。布拉格位置与标准 XRD 峰位的高度吻合进一步说明了相纯度。此外，$K_2HfSi_2O_7$ 的剩余因子为 $R_{wp} = 9.35\%$，$R_p = 7.02\%$，$K_2HfSi_2O_7 : 5\%Eu^{2+}$ 的剩余因子为 $R_{wp} = 9.70\%$，$R_p = 7.19\%$，证实了所得样品均结晶为单斜相，空间群为 $P_{21}/b(14)$，晶体学数据信息显示在表 3-1 中。

从［001］晶向通过 Rietveld 精修计算得到的 $K_2HfSi_2O_7$ 基质的晶体结构如图 3-1(d) 所示。显然，$K_2HfSi_2O_7$ 的阴离子三维骨架是由顶点共享的 $[SiO_4]^{4-}$ 四面体构成的孤立的 $[Si_2O_7]^{6-}$ 二聚体组成。占据三个不同晶体学格位的铪和碱

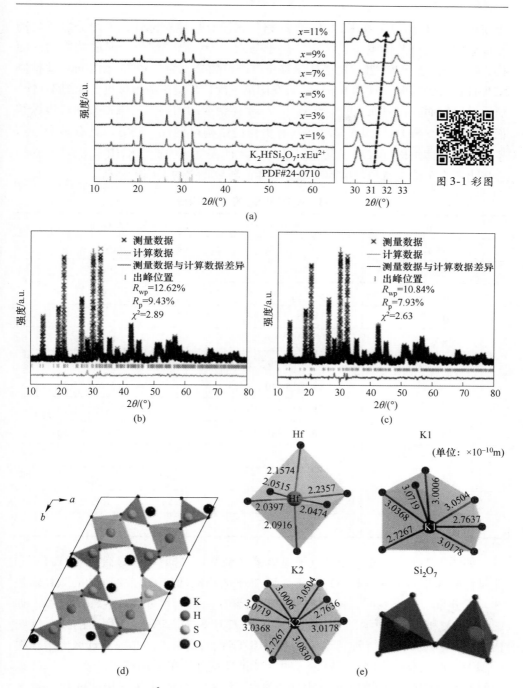

图 3-1　$K_2HfSi_2O_7:xEu^{2+}$（$x=0$，1%，3%，5%，7%，9%和11%）的 XRD 图（a）、Rietveld 精修 $K_2HfSi_2O_7$ 和 $K_2HfSi_2O_7:5\%Eu^{2+}$ 的 XRD 图谱（b）(c)、从［001］晶面观察到 $K_2HfSi_2O_7$ 的典型晶体结构（d）和不同阳离子周围的配位环境和［Si_2O_7］$^{6-}$ 二聚体（e）

金属阳离子（Hf、K1 和 K2）位于 $2i$ 格位，没有局域对称性，平均分散于阴离子框架中以保持基体电中性。Hf^{4+} 离子与六个 O^{2-} 离子配位，形成畸变的八面体，K^+ 离子位于两个独立的晶体学格位，配位数分别为 7 和 8。由 Rietveld 精修结果计算得到的 Hf—O 和 K—O 键长在阳离子配位环境中清晰可见，如图 3-1（e）所示。一般而言，由孤立的 $[Si_2O_7]^{6-}$ 二聚体组成的阴离子三维框架通过边缘和面共享，比 $[SiO_4]^{4-}$ 四面体单元具有更强的结构可调性。同时，具有多个阳离子格位的晶体结构更有利于稀土离子的选择性占据。因此，$K_2HfSi_2O_7:5\% Eu^{2+}$ 在压力下有可能具有超灵敏的压力反应性，导致光谱的大范围移动。

表 3-1　$K_2HfSi_2O_7$ 的晶体学数据

组成	$K_2HfSi_2O_7$	$K_2HfSi_2O_7:5\% Eu^{2+}$
晶系	单斜	单斜
空间群	P_{21}/b	P_{21}/b
$\alpha/(°)$	90	90
$\beta/(°)$	90	90
$\gamma/(°)$	117.01	117.03
a/m	$9.6105 \times 10^{-10}(10)$	$9.6122 \times 10^{-10}(6)$
b/m	$14.2236 \times 10^{-10}(11)$	$14.2105 \times 10^{-10}(7)$
c/m	$5.5613 \times 10^{-10}(4)$	$5.5633 \times 10^{-10}(33)$
V/m^3	$677.27 \times 10^{-30}(4)$	$676.89 \times 10^{-30}(25)$
Z	4	4
$R_{wp}/\%$	9.35	9.70
$R_p/\%$	7.02	7.19
χ^2	1.38	1.79

如图 3-2 所示，通过扫描电子显微镜（SEM）、透射电子显微镜（TEM）和能量色散 X 射线光谱（EDS）分析，详细研究了 $K_2HfSi_2O_7:5\% Eu^{2+}$ 的颗粒形貌和元素分布。结果表明，该颗粒呈片状团聚在一起，尺寸在 $1\sim 5\mu m$ 之间。如图 3-2（c）和（d）所示，为了进一步了解 $K_2HfSi_2O_7:5\% Eu^{2+}$ 样品的微点阵结构，测量了选区电子衍射（SAED）和 HR-TEM 晶格条纹。晶粒的选区电子衍射（SAED）产生有序的倒易点阵，表明区域排列良好的单晶的产生。特征（220）、（142）和（002）衍射的晶面间距分别为：$2.87 \times 10^{-10}m$、$1.96 \times 10^{-10}m$ 和 $2.71 \times 10^{-10}m$。此外，计算结果与 Rietveld 精修得到的 $d(220) = 2.9247 \times 10^{-10}m$，$d(142) = 1.9162 \times 10^{-10}m$，$d(002) = 2.7903 \times 10^{-10}m$ 基本一致。在图 3-2（c）

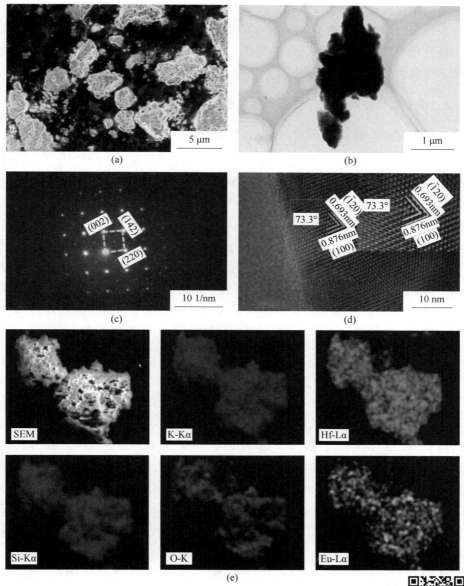

图 3-2　扫描电子显微镜图（a）、透射电子显微镜图（b）、选区
电子衍射图（c）、高分辨率透射电子显微镜图像（d）和
$K_2HfSi_2O_7 : Eu^{2+}$ 的元素映射图像（e）

图 3-2 彩图

中，（220）/（142）和（220）/（002）之间的二面角分别为 46.75° 和 88.29°，与理
论值 47.745° 和 90° 非常吻合。同时，间距为 8.76×10^{-10} m 和 6.93×10^{-10} m 的
HR-TEM 晶格条纹可归属于（100）和（$\overline{1}$20）晶面，（100）和（$\overline{1}$20）之间二面角的

理论结果非常接近 73.3°。图 3-2(e) 中 $K_2HfSi_2O_7$:5% Eu^{2+} 的 EDS mapping 图像进一步表明所得样品中含有均匀分布的 K、Hf、Si、O 和 Eu 元素。所有结果证明，该荧光粉具有单相结构，结晶度高，形貌良好，稀土分布均匀等优点，保证了光学性能。

3.2.2 电子能带结构、光学性质和压力诱导发光动力学

为了更好地了解 $K_2HfSi_2O_7$ 的光致发光性能，图 3-3(a) 和 (b) 为通过第一性原理计算得到的 $K_2HfSi_2O_7$ 的能带结构和相应的态密度。同时进行了结构和晶格参数优化，保证了结果的可信性。显然，图 3-3(a) 中价带顶和导带底位于同一布里渊区 (G 点)，最小值为 $-0.3eV$，最大值为 $4.3eV$，表明 $K_2HfSi_2O_7$ 基质具有直接带隙，数值为 $4.6eV$。$K_2HfSi_2O_7$:xEu^{2+} ($x=0$ 和 5%) 样品的漫反射光谱如图 3-3(c) 所示，两个样品均在 $200\sim270nm$ 之间存在一个宽的吸收带，属于 $K_2HfSi_2O_7$ 的基质吸收。相反，只有 $K_2HfSi_2O_7$:5% Eu^{2+} 样品中出现了 $300\sim400nm$ 的额外吸收带，表明 Eu^{2+} 掺杂影响了局域能级的产生，相应的吸收峰可归因于 Eu^{2+} 的 4f→5d 跃迁。为了进一步证明光学带隙与计算带隙的一致性，可以利用下面的公式来估算光学带隙：

$$[F(R_\infty)h\nu]^n = A(h\nu - E_g) \tag{3-2}$$

$$F(R_\infty) = (1-R)^2/2R = K/S \tag{3-3}$$

式中，A 为比例常数；$h\nu$ 为光子能量；E_g 为禁带宽度值；K、R、S 为相关系数；n 取决于直接带隙 ($n=2$) 或间接带隙 ($n=1/2$)。通过计算，$K_2HfSi_2O_7$ 表现为直接带隙。横坐标与线性外推的交点位于 $4.66eV$ 处，表明光学带隙与密度泛函理论得到的电子结构带隙值相一致。图 3-3(d) 为 K、Hf、Si、O 各原子的总态密度和分态密度，$K_2HfSi_2O_7$ 基质中各原子的分态密度可以明确地分为三部分。最低能量区域 ($-30\sim-10eV$) 形成第一部分，由 O-2s 和 Si-3s3p 态组成，该区域的电子很少能被 NUV 光激发。因此，该区域的电子对光致发光过程的贡献较小。第二区域 ($-12\sim0eV$) 与费米能级相邻，由 Si-3s3p 和 O-2p 轨道构成。在这个区域内，电子可以被有效地激发到导带。第三区域主要包含 Hf-5d 态，它们贡献了导带的主要部分。

图 3-4(a) 为 $K_2HfSi_2O_7$:xEu^{2+} ($x=1\%$，3%，5%，7%，9% 和 11%) 系列荧光粉的激发和发射光谱。当监测波长为 450nm 时，激发光谱与 $K_2HfSi_2O_7$:Eu^{2+} 的漫反射光谱 [见图 3-3(c)] 相吻合，且在 $250\sim400nm$ 范围内的光谱可归因于 Eu^{2+} 离子 4f→5d 能级的电子跃迁。同时，位于 360nm 处的最强峰波长位置可以很好地与紫外 LED 芯片匹配，表明其在 WLED 中的潜在应用。在 360nm 激

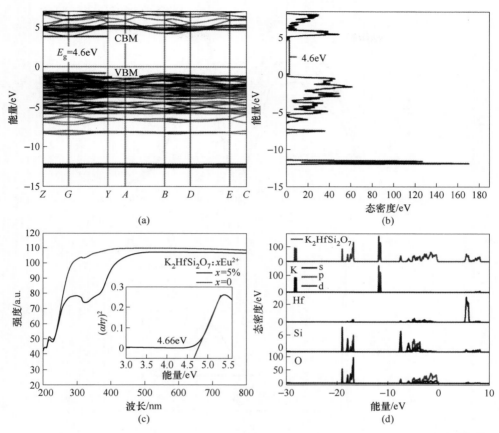

图 3-3 K$_2$HfSi$_2$O$_7$ 基质的能带结构(a)、K$_2$HfSi$_2$O$_7$ 基质的
总态密度图(b)、K$_2$HfSi$_2$O$_7$:xEu^{2+}(x=0 和 5%)的
漫反射光谱(c)和 K、Hf、Si、O 不同原子的
总态密度和分态密度图(d)

图 3-3 彩图

发下，发射光谱显示出从 400～600nm 的宽带发射，掺杂 Eu^{2+} 离子除了强度外对光谱构型几乎没有影响，因为 Eu^{2+} 离子占位偏好性对光谱构型和波长位置有重要影响，这也将有助于压力诱导的相关应用。在 K$_2$HfSi$_2$O$_7$:xEu^{2+} 样品中，x= 5% 是使发射强度最强的最佳掺杂浓度，量子效率可达 35.42%，如图 3-4(b) 所示。随着 Eu^{2+} 离子的不断掺杂，由于 Eu^{2+} 离子之间的非辐射能量迁移，发射强度发生猝灭，偶极-偶极相互作用是主导浓度猝灭过程的主要原因。激活剂离子在基质中的衰减行为是检测能量传递和格位占据的有效方法。图 3-4(c) 为不同掺杂量的 K$_2$HfSi$_2$O$_7$ 中 Eu^{2+} 离子在 450nm 监测下的衰减曲线和相应的寿命值。

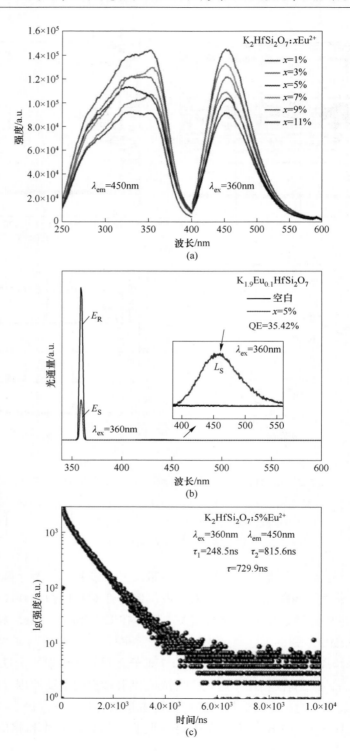

(a)

(b)

(c)

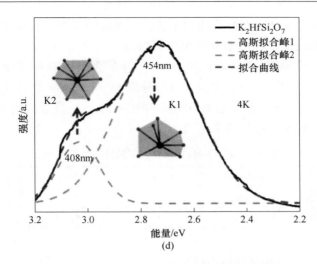

图 3-4　$K_2HfSi_2O_7:5\%\,Eu^{2+}$ 的瞬态稳态光学特性

（a）制备的 $K_2HfSi_2O_7:xEu^{2+}$ 系列样品在 360nm 激发和 450nm 监测下的激发和发射光谱；
（b）在 360nm 激发条件下 $K_2HfSi_2O_7:5\%\,Eu^{2+}$ 的量子效率；（c）$K_2HfSi_2O_7:5\%\,Eu^{2+}$ 的衰减曲线；（d）两个发光中心在 4K 下的高斯拟合图

所有的衰减曲线都能很好地拟合双指数方程：

$$I(t) = A_1 \exp\left(-\frac{t}{\tau_1}\right) + A_2 \exp\left(-\frac{t}{\tau_2}\right) \tag{3-4}$$

式中，$I(t)$ 为发射强度；A_1 和 A_2 为常数；τ_1 和 τ_2 为指数部分的不同寿命。根据公式(3-4)，计算得到 $K_2HfSi_2O_7:5\%\,Eu^{2+}$ 的衰减时间为 729.9ns。纳秒级的特征寿命证明了其在光学压力传感器中的潜在应用。由于热扰动的影响，室温发射谱与低温发射谱相比，其对于格位分析并不准确。因此，通过测量 $K_2HfSi_2O_7:5\%$ Eu^{2+} 样品的低温发射光谱来确定 Eu^{2+} 离子的占位情况。图 3-4(d) 中 4K 下的高斯拟合光谱证明 $K_2HfSi_2O_7$ 中存在两个独立的发光中心。结合 3.2.1 节的分析，Eu^{2+} 离子更倾向于占据 K^+ 格位而不是 Hf^{4+} 格位。因此，可以确定这两个高斯发射峰不是来自占据 Hf 位的 Eu^{2+} 离子。然而，占据 K1 和 K2 位置的 Eu^{2+} 离子对发射光谱的贡献仍然不清楚。为了区分 Eu^{2+} 离子在 K1 和 K2 格位的贡献，利用 Van Uitert 提出的经验公式分析了格位占据与发射波长之间的关系：

$$E = Q\left[1 - \left(\frac{V}{4}\right)^{\frac{1}{V}} 10^{-nE_a r/80}\right] \tag{3-5}$$

式中，Q 为能量常数，$Q = 34000\,cm^{-1}$；E 为不同 Eu^{2+} 发光中心的最高峰波数；V 为 Eu^{2+} 离子（$V=2$）的价态；n 为 Eu^{2+} 离子周围的氧配位数；E_a 为原子的电子亲和能，eV；r 为阳离子半径。

一般来说，由于阴离子配合物的不确定，准确的发光波长位置很难获得。然而，根据之前的报道，电子亲和能可以粗略地估计为 $2.0 \sim 2.5\text{eV}$。在确定基质中，E 的取值只与 n 和 r 有关。在 $K_2HfSi_2O_7$ 中，多面体中 K1 位的 r 和 n 分别为 $n=7$、$r=1.46 \times 10^{-10}\text{m}$，K2 位的 r 和 n 分别为 $n=8$、$r=1.51 \times 10^{-10}\text{m}$。根据 4K 下的高斯拟合光谱结果，位于 408nm 和 454nm 处的发射峰可分别归属于 K2 和 K1 位的 Eu^{2+} 离子。详细结果见表 3-2。

表 3-2　4K 下 Eu^{2+} 占位偏好的详细计算结果

晶体学格位	电子亲和能/eV	氧配位数	半径/m	波长/nm
K1	$2.0 \sim 2.5$	7	1.46×10^{-10}	$445 \sim 484$
K2	$2.0 \sim 2.5$	8	1.51×10^{-10}	$408 \sim 454$

3.2.3　高压发光分析和选择性占位

为了探索该样品的进一步应用和研究压力下结构与发光性能的关系，在 $K_2HfSi_2O_7:5\%\ Eu^{2+}$ 样品上施加了一系列压力。图 3-5(a) 为压力从 0.82GPa 增加到 18.67GPa，然后释放到常压下的 XRD 图谱。在整个压缩过程中，$K_2HfSi_2O_7:5\%\ Eu^{2+}$ 样品保持了纯相，没有任何杂质产生，结晶度在 18.67GPa 几乎没有下降。显然，9.5°处的衍射峰分裂为两个峰，当压力超过 3.59GPa 时可归属为（-121）和（021）。新的晶面（021）在高压下的出现可以很好地拟合标准卡片（PDF#24-0710），表明在高压下具有强烈的择优取向。众所周知，衍射数据的统计偏差和择优取向可能会显著影响衍射峰强度。因此，可以得出结论，$K_2HfSi_2O_7:5\%\ Eu^{2+}$ 在压缩过程中一直为单相。同时，随着压力的增加，衍射峰向更大的 2θ 方向移动，表明基质晶格收缩。当压力超过 10GPa 时，衍射图谱并没有发生非晶化，释放的 XRD 图谱又可以恢复到初始状态，表明了样品的可逆性和稳定性。

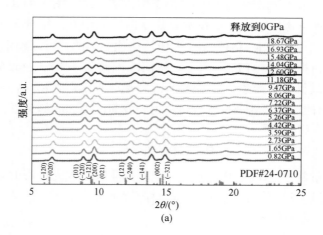

(a)

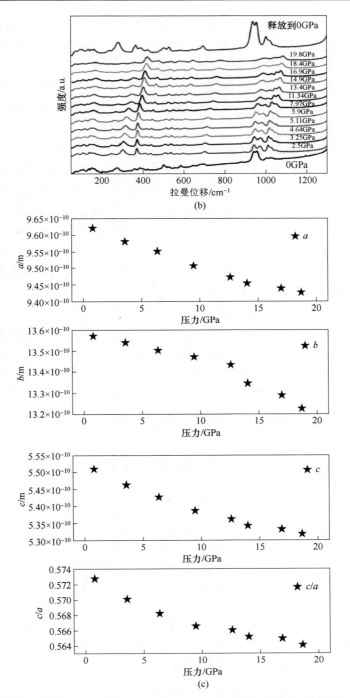

图 3-5 不同压力下的 XRD 图谱 (a)、$K_2HfSi_2O_7:5\%\,Eu^{2+}$ 在不同压力下的拉曼光谱 (b)
和 $K_2HfSi_2O_7:5\%\,Eu^{2+}$ 的点阵参数 a、b、c 和 c/a 随压力的变化 (c)

　　压缩过程中的相变对于光学压力传感器来说是不可忽略的。在 0 ~ 19.8GPa 的不同压力下测量了拉曼光谱，如图 3-5（b）所示。根据上述结构分析，$K_2HfSi_2O_7$ 的阴离子三维骨架是由顶点共享的 $[SiO_4]^{4-}$ 四面体组成的孤立的 $[Si_2O_7]^{6-}$ 二聚体，因此，Si—O 键振动在拉曼光谱中占主导地位。显然，拉曼光谱中最强峰位于 368cm^{-1}，其余的峰分别出现在 436cm^{-1}、510cm^{-1}、595cm^{-1}、701cm^{-1}、951cm^{-1} 和 1051cm^{-1} 处。以上所有谱带均可归属为 Si—O 伸缩振动、O—Si—O 弯曲振动以及 Si—O$_{br}$—Si（桥氧）和 Si—O$_{nbr}$—Si（非桥氧）键的对称弯曲振动。其他拉曼位移小于 360cm^{-1} 的峰可归属于 Hf—O 和 K—O 伸缩振动。此外，在整个压缩过程中，由于有效力常数的增加，所有拉曼峰都向更大的波数移动，这可以与键长的减小相吻合。同时，当压力释放到 0GPa 时，拉曼峰恢复到原来的状态，没有新的振动模式出现，在整个压缩和解压过程中也不存在拉曼峰的裂解，表明 $K_2HfSi_2O_7$ 在高压下可以保持单一物相，没有发生相变。

　　为了进一步评估晶体的演化，所有的压力诱导的 XRD 图谱都被图 3-6 中的 GSAS 程序清晰地模拟。所有系列样品的剩余因子（R_p 和 R_{wp}）均小于 5%，表明高压相仍结晶为 $P_{21}/b(14)$ 空间群的单斜相。图 3-5（c）为 $K_2HfSi_2O_7$：5% Eu^{2+} 的晶格参数 a、b、c 和 c/a 随压力的变化。研究发现，晶格常数的变化对压力（0.82 ~ 18.67GPa）更为敏感，表现为 a 从 9.6214(2) × 10^{-10}m 到 9.4259(4) × 10^{-10}m，b 从 13.5717(1) × 10^{-10}m 到 13.2280(6) × 10^{-10}m，c 从 5.5103(6) × 10^{-10}m 到 5.3176(3) × 10^{-10}m 的规律性下降（见表 3-3）。同时，可以观察到 c/a 值随着线性拟合而减小。所有结果表明 $K_2HfSi_2O_7$：5% Eu^{2+} 在压缩过程中没有发生相变。

表 3-3　晶胞参数随压力变化趋势

压力/GPa	晶　胞　参　数			
	a/m	b/m	c/m	c/a
0.82	9.6214 × 10^{-10}(2)	13.5717 × 10^{-10}(1)	5.5103 × 10^{-10}(6)	0.5727(2)
3.59	9.5807 × 10^{-10}(1)	13.5400 × 10^{-10}(4)	5.4622 × 10^{-10}(4)	0.5701(3)
6.37	9.5512 × 10^{-10}(5)	13.5018 × 10^{-10}(4)	5.4271 × 10^{-10}(1)	0.5682(1)
9.47	9.5071 × 10^{-10}(1)	13.4719 × 10^{-10}(5)	5.3863 × 10^{-10}(1)	0.5665(1)
12.6	9.4711 × 10^{-10}(6)	13.4336 × 10^{-10}(1)	5.3611 × 10^{-10}(2)	0.5660(4)
14.04	9.4533 × 10^{-10}(6)	13.3433 × 10^{-10}(5)	5.3428 × 10^{-10}(3)	0.5652(3)
16.93	9.4379 × 10^{-10}(5)	13.2908 × 10^{-10}(2)	5.3318 × 10^{-10}(3)	0.5649(4)
18.67	9.4259 × 10^{-10}(4)	13.2280 × 10^{-10}(6)	5.3176 × 10^{-10}(3)	0.5641(4)

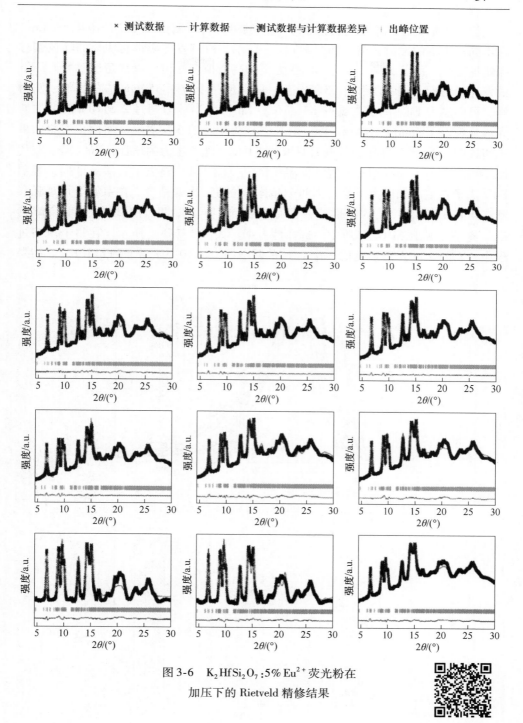

图 3-6 K₂HfSi₂O₇:5%Eu²⁺ 荧光粉在
加压下的 Rietveld 精修结果

图 3-6 彩图

　　为了评估其在光学压力传感器中应用的可行性，测试了 $K_2HfSi_2O_7:5\%\ Eu^{2+}$
在不同压力下的发射光谱。如图 3-7(a) 所示，所有发射峰都有明显的峰位偏移
和峰形变化。因此，图 3-8 为不同压力下的高斯拟合光谱，以清楚地解释高压下
的发光动力学。在常压和 0.33GPa 下，只出现一个位于 450nm 左右的单一发射
峰，可归属为 Eu^{2+} 离子占据的 K1 晶位（Eu_{K1}）。当压力超过 2.31GPa 时，发射
光谱呈现以 408nm（Eu_{K2}）和 450nm（Eu_{K1}）为中心的双发射峰。然而，实验结果
不能说明 Eu^{2+} 离子在压力较低时只取代 K1 位，随着压力的增加，Eu^{2+} 离子取代
K1 和 K2 位。上面提到的室温和低温光谱（见图 3-4）提供了直接的证据，表明
Eu^{2+} 离子在室温和压力下会占据两个晶体学位置。也就是说，在室温下很难观察
到在 408nm（Eu_{K2}）处的发射峰，但存在占位。同时，我们发现压力也会影响
Eu^{2+} 离子在 $K_2HfSi_2O_7$ 基质中的选择性占据。如图 3-7(b) 所示，在整个压缩过
程中，K2/K1 的发射强度比（$I_{K2/K1}$）单调增加，从 10.5% 增加到 212.1%。结果

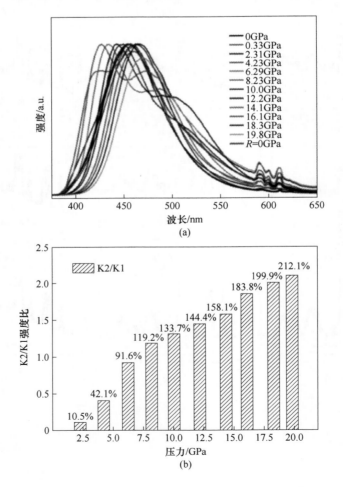

(a)

(b)

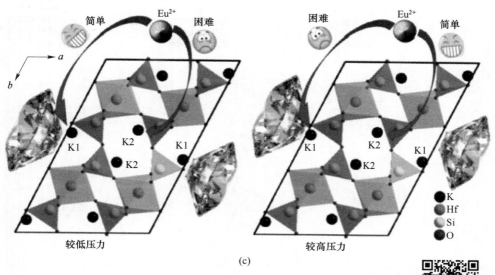

图 3-7　不同压力下 $K_2HfSi_2O_7:5\%\,Eu^{2+}$ 在 360nm 激发下的
归一化发射光谱（a）、K2/K1 的排放强度比（b）和
压力诱导 Eu^{2+} 离子占据偏好示意图（c）

图 3-7 彩图

表明，压力不仅可以降低晶格参数和键长，而且导致 Eu^{2+} 离子在压缩过程中优先占据 K2 位而不是 K1 位，如图 3-7（c）所示。峰位的移动和 $I_{K2/K1}$ 的不断增加使其在压力传感器中具有潜在的应用，这将在下文中明确讨论。

3.2.4　高压下的发光动力学及应用

从图 3-8 中不同压力下发射谱的高斯拟合结果可以观察到，两个高斯峰在压缩过程中同时向低能量（红移）方向移动。图 3-9（a）为高斯拟合光谱中两个发射峰位置偏移的线性拟合。当压力从 0GPa 增加到 19.8GPa 时，Eu_{K2} 的发射带从 406nm 红移到 470nm，Eu_{K1} 的发射带从 452nm 红移到 520nm。这种现象可以通过电子云膨胀效应、晶体场劈裂和斯托克斯位移来解释。众所周知，4f 能级的分裂主要受自旋-轨道耦合、晶体场和磁场的影响。然而，5d 能级的分裂主要受不同基质材料的影响。一般而言，与 5d 能级的劈裂相比，4f 能级的劈裂可以忽略不计。因此，在研究 Eu^{2+} 离子的 5d→4f 跃迁时，应该考虑只影响 5d 能级分裂的相关因素。图 3-9（c）为低、高压下压力诱导能级分裂、斯托克斯位移以及电子云膨胀效应的示意图。Dorenbos 比较了位于不同多面体中的 Eu^{2+} 离子的发光性能，发现晶体场劈裂与多面体形状、配位数和键长有关，可用下式描述：

$$\varepsilon_{cfs} = \beta_{poly}^{Q} R_{av}^{-2} \tag{3-6}$$

式中，β_{poly}^{Q} 为依赖于多面体形状的常数，与稀土离子的价态无关。R_{av} 可由下式求得：

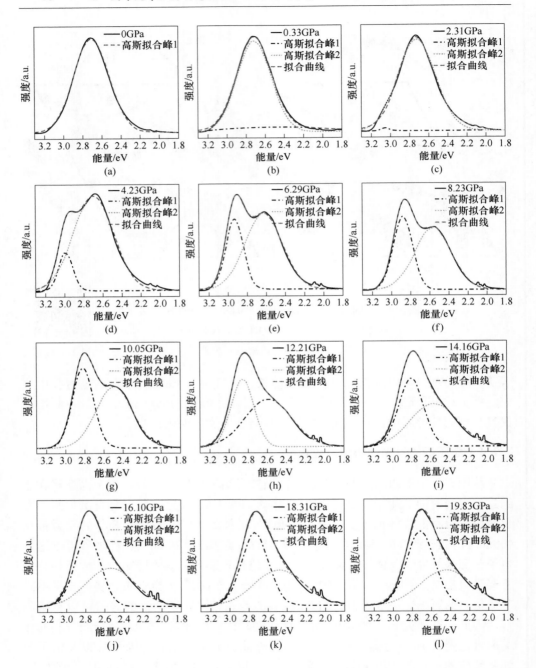

图 3-8　不同压力下的高斯拟合光谱

（a）0GPa；（b）0.33GPa；（c）2.31GPa；（d）4.23GPa；（e）6.29GPa；

（f）8.23GPa；（g）10.05GPa；（h）12.21GPa；（i）14.16GPa；

（j）16.10GPa；（k）18.31GPa；（l）19.83GPa

$$R_{av} = \frac{1}{N} \sum_{i=1}^{N} (R_i - 0.6\Delta R) \qquad (3-7)$$

式中，R_i 为 N 配位阳离子的键长，$\Delta R = R_M - R_{Ln}$。对于 $K_2HfSi_2O_7$，多面体和配位数在低压和高压下都是不变的。因此，键长越短，晶体场劈裂（ε_{cfs}）越强。在压缩过程中，晶胞会急剧收缩，导致键长减小，发射峰发生红移。根据 Dorenbos 的研究，质心位移与镧系离子和配位阴离子之间的共价键强度密切相

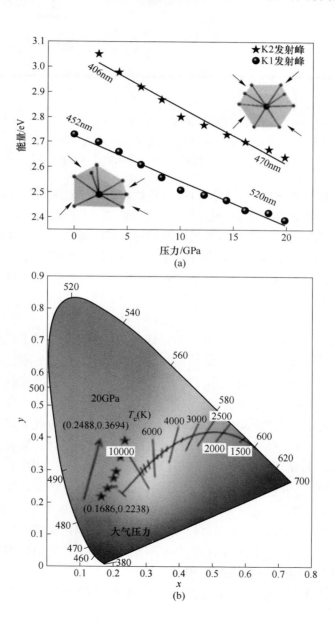

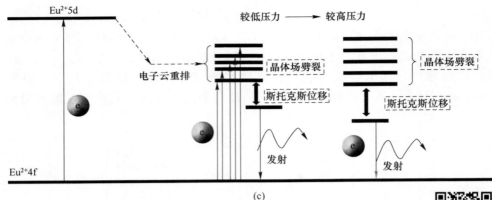

(c)

图 3-9 两个发射峰位置偏移的线性拟合（a）、$K_2HfSi_2O_7:5\%Eu^{2+}$（大气压力至 20GPa）的 CIE 坐标（b）和低压和高压下压力引起的能级分裂、斯托克斯位移和电子云膨胀效应示意图（c）

图 3-9 彩图

关，并且共价键强度与电子云膨胀效应成正比。因此，对 $K_2HfSi_2O_7:Eu^{2+}$ 施加压力会因为较短的键长而增加共价键强度，进而降低 5d 能级的质心位移，也会引起红移。斯托克斯位移被定义为发射光谱相对于相应吸收光谱的红移。固体吸收光子的能量（吸收）会大于辐射光子的能量（发射）。因此，发射光谱会向能量较低的方向移动（红移）。一般来说，黄昆因子 S 和声子能量 $h\nu$ 可以用来估算斯托克斯位移的值：

$$E_{Stokes} = (2S - 1)h\nu \tag{3-8}$$

显然，从公式（3-8）可以得出，黄昆因子和声子能量主导了斯托克斯位移能量。构型坐标图中黄昆因子与 $(\Delta R)^2$ 成正比，发光中心周围的刚性环境会使 S 值减小，从而导致斯托克斯位移减小。对 $K_2HfSi_2O_7:5\%Eu^{2+}$ 样品施加压力后，刚性断裂，原子偏离平衡位置，S 值增大，声子能量 $h\nu$ 增大。综上，压缩过程下的红移可以归属于电子云膨胀效应的增加，晶体场劈裂的增强和斯托克斯位移的增大。

此外，与大气压下的强度相比，当压力达到 19.8GPa 时，发射强度仅损失了 20%。优异的发射亮度保证了其在高压下容易被观察到，如图 3-10（a）所示。$K_2HfSi_2O_7:5\%Eu^{2+}$ 荧光粉的可重复性是保证其实用性的另一个关键因素。当压力从 0GPa 增加到 20GPa 时，$K_2HfSi_2O_7:5\%Eu^{2+}$ ［见图 3-9（b）］的 CIE 坐标从（0.1686，0.2238）移动到（0.2488，0.3694），发光颜色从蓝色变为绿色。经过五次压力循环后，CIE 坐标显示出最小的偏差，表明 $K_2HfSi_2O_7:5\%Eu^{2+}$ 样品具有惊人的可逆性和稳定性，如图 3-10（b）所示。

表 3-4 为 $K_2HfSi_2O_7:5\%Eu^{2+}$ 的每吉帕发射位移的细节，以及与其他报道的

压力传感器材料相比的发射波长位置。计算得到 $K_2HfSi_2O_7:5\%\,Eu^{2+}$ 的单位压力下发射峰位移（$d\lambda/dP$）为 3.25nm/GPa，远大于其他可用的压力传感器材料。$K_2HfSi_2O_7:5\%\,Eu^{2+}$ 的高灵敏度确保了其在压缩过程中从蓝色到绿色的显著颜色变化，表明该荧光粉可以作为潜在发光材料用于光学压力传感器。

　　基于以上分析，$K_2HfSi_2O_7:5\%\,Eu^{2+}$ 荧光粉不仅可以作为光学压力传感器材料，还可以作为 WLED 的潜在发光材料。作为评价新型荧光粉应用价值的重要指标，测试了 $K_2HfSi_2O_7:5\%\,Eu^{2+}$ 的变温发射光谱和 CIE 色坐标图，如图 3-10（c）所示。随着温度的升高，样品的发射强度逐渐降低，在 140℃时仍能保持初始强度的 85%，可以与商业 $BAM:Eu^{2+}$ 相媲美。同时，CIE 色坐标有小的漂移，保证了在固态照明中的潜在应用。如图 3-10（d）所示，计算得到的 ΔE 值约为 0.21eV，说明随着温度的升高，只有少量的发射光损失。

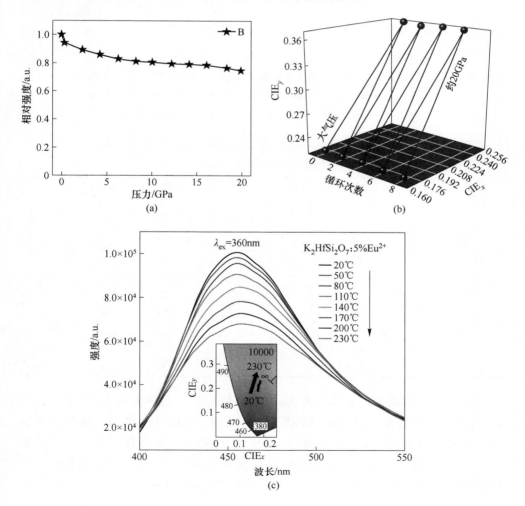

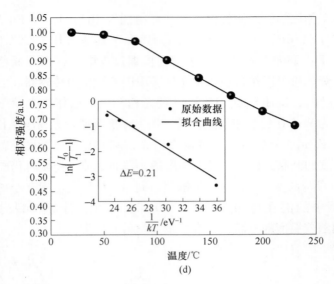

图 3-10 彩图

图 3-10　$K_2HfSi_2O_7:5\%Eu^{2+}$ 热稳定性

（a）不同压力下发射光谱的发射强度变化曲线；（b）依赖于压力的五次循环测试；

（c）$K_2HfSi_2O_7:5\%Eu^{2+}$ 的变温发射光谱；（d）$K_2HfSi_2O_7:5\%Eu^{2+}$ 的发光

强度随温度的变化曲线（插图显示了 Arrhenius 拟合和计算的活化能）

表 3-4　与其他已报道的压力传感器材料相比，$K_2HfSi_2O_7:5\%Eu^{2+}$
的每吉帕的发射位移细节

样　品	测试参数	dMP/dP (nm/GPa)	跃迁	波长/nm	参考文献
$K_2HfSi_2O_7:5\%Eu^{2+}$	发射光谱位移	3.25	$5d{\rightarrow}4f$	450	本书
$Al_2O_3:Cr^{3+}$	发射光谱位移	0.365	$^2E{\rightarrow}^4A_2$	694	[59]
$YAlO_3:Cr^{3+}$	发射光谱位移	0.70	$^2E{\rightarrow}^4A_2$	723	[60]
$SrFCl:Sm^{2+}$	发射光谱位移	1.10	$^5D_0{\rightarrow}^7F_0$	690	[61]
$BaLi_2Al_2Si_2N_6:Eu^{2+}$	发射光谱位移	1.58	$5d{\rightarrow}4f$	532	[62]
$Y_3Al_5O_{12}:Eu^{3+}$	发射光谱位移	0.197	$^5D_0{\rightarrow}^7F_1$	591	[88]
$Y_3Al_5O_{12}:Sm^{3+}$	发射光谱位移	0.30	$^4G_{5/2}{\rightarrow}^6H_{7/2}$	618	[89]
$SrB_4O_7:Sm^{2+}$	发射光谱位移	0.255	$^5D_0{\rightarrow}^7F_0$	685	[90]
$SrB_2O_4:Sm^{2+}$	发射光谱位移	0.244	$^5D_0{\rightarrow}^7F_0$	685	[91]
$LaPO_4:Tm^{3+}$	发射光谱位移	0.1	$^1G_4{\rightarrow}^3H_6$	475	[92]

图 3-11（a）为商用红色荧光粉 $CaAlSiN_3:Eu^{2+}$ 和蓝色荧光粉 $K_2HfSi_2O_7:5\%$ Eu^{2+} 在紫外芯片激发下制备的 WLED 的 EL 光谱。WLED 的色温、显色指数和 CIE 色坐标分别为 6260K、86.2 和（0.3201，0.3012），能够满足照明领域的需求，如图 3-11（b）所示。合适的技术参数表明 $K_2HfSi_2O_7:Eu^{2+}$ 在常压和高压下具有前所未有的优异发光性能，有潜力应用于固态照明领域。

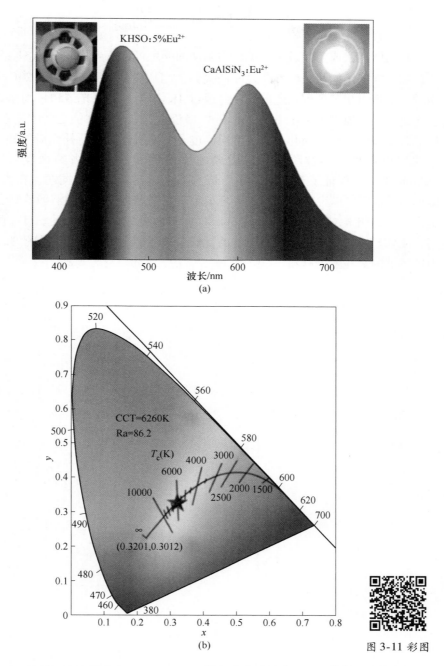

图 3-11 CaAlSiN$_3$:Eu^{2+} 和 K$_2$HfSi$_2$O$_7$:5% Eu^{2+} 红色荧光粉在 360nm 紫外芯片激发下的 EL 光谱（a）（插图为 WLED 封装照片）和 WLED 的 CIE 色坐标（b）

3.3　小　　结

采用固相法成功制备了一种压力驱动的颜色可调荧光粉 $K_2HfSi_2O_7:5\%\,Eu^{2+}$，并详细研究了结构与光学性能之间的关系。当压力从 0GPa 增加到 20GPa 时，发光颜色呈现出从蓝色到绿色的变化。通过 4K 条件下低温光谱和不同压力下的发射光谱，很好地理解了压力诱导的 Eu^{2+} 格位占据和发光性能之间的关系。此外，压缩时光谱红移的原因与晶体场劈裂、电子云膨胀效应和斯托克斯位移有关。出色的发射强度、相位稳定性、优异的可逆性和高的压力灵敏度（$d\lambda/dP = 3.25nm/GPa$）保证了其在光学压力传感器中的潜在应用。同时，在大气压下，$K_2HfSi_2O_7:Eu^{2+}$ 蓝色荧光粉可以表现出窄带发射和强发射，并且具有较强的热稳定性，这表明 $K_2HfSi_2O_7:Eu^{2+}$ 在 WLED 中具有良好的应用前景。目前的工作表明，$K_2HfSi_2O_7:Eu^{2+}$ 具有前所未有的优异发光性能，可以作为固态照明和光学压力传感器的潜在发光材料。

4 $Na_3RbMg_7(PO_4)_6:Eu^{2+}$ 荧光粉的合成以及发光性能的研究

4.1 引　言

近年来，pc-WLEDs 以其高能效、低能耗、长寿命、环保等特点被广泛地用于日常生活中。其通常是由 LED 芯片与无机荧光粉相结合来产生白光，无机荧光粉的主体是由被稀土发光中心取代（如 Ce^{3+} 或 Eu^{2+}）的氧化物或氮化物晶体结构组成。将稀土离子引入到主体结构中，使发光中心的 5d 轨道经历了晶体场的分裂，改变了其能级，使 4f→5d 的电子跃迁发生在电磁波谱的可见区域。典型的 pc-WLED 通常是由蓝色（460nm）InGaN 芯片和黄色 YAG（$Y_3Al_5O_{12}:Ce^{3+}$）荧光粉组合而成。然而，这种 pc-WLED 由于在长波长区域没有红光成分，容易产生显色指数较差（Ra < 75）和色温较高（CCT > 4500K）的冷白光。为了克服这一缺陷，另一种实现高质量暖白色照明的方法是通过近紫外（n-UV；380 ~ 420nm）LED 芯片激发三基色（红色，蓝色和绿色）荧光粉得到暖白光。然而，在这种方法中，除了红色和绿色荧光粉外，还需要能够被紫外光激发的蓝色荧光粉。目前，高效蓝光荧光粉的研究已经引起了许多研究者的关注。到目前为止，报道最多的用于 n-UV WLEDs 的商用蓝色荧光粉为 BAM:Eu^{2+}。然而，BAM:Eu^{2+} 荧光粉存在一定的不足。因此，开发被 n-UV 芯片有效激发且新型高效的蓝光荧光粉具有重要的意义。

近年来，磷酸盐因其作为稀土荧光粉的应用潜力越来越受到人们的关注。与硅酸盐和铝酸盐相比，磷酸盐的合成温度相对较低。此外，这些材料由于具有多态性而表现出丰富的化学结构等优点，在基础研究方面备受关注。迄今为止，在合成和表征的各种单磷酸镁中，有四种化合物属于 $Na_3PO_4-Mg_3(PO_4)_2$ 体系，即 $NaMgPO_4$、$NaMg_4(PO_4)_3$、$Na_2Mg_5(PO_4)_4$ 和 $Na_4Mg(PO_4)_2$，均都具有较好的刚性结构。从这些化合物开始，通过大的阳离子对镁或钠进行适当的置换，将其转化为不同 Mg/P 原子比的几种结构类型，NRMP 就是其中之一。2017 年，Ben Hamed 等人通过熔剂法合成了温度低且结构刚性强的单晶磷酸镁 NRMP。

本章中，使用传统的高温固相法制备了 NRMP:Eu^{2+} 高效窄带蓝色荧光粉。详细研究了其发光性能和能量传递机理。鉴于 NRMP:Eu^{2+} 荧光粉的出色发光性能，其有希望用于 n-UV WLED 用蓝光荧光粉。

4.2　NRMP:Eu^{2+}荧光粉的物相分析和结构表征

采用 XRD 和 Rietveld 精修对制备的 NRMP:xEu^{2+}（$0 \le x \le 0.08$）样品的相纯度和结构类型进行了研究。为了获得详细的晶体结构信息，以 NRMP 理论结构数据为初始模型，对 NRMP 基质进行了 XRD Rietveld 结构精修。图 4-1(a) 为 NRMP 样品的结构精修图，其中，包括测试得到样品的 XRD（×）和计算出的 XRD 图谱（红色线）以及它们的差异（蓝色线）。精修结果表明，NRMP 具有良好的结晶性，属于单斜晶系，$C2/c$(15)空间群。精修参数为 $a = 12.7282 \times 10^{-10}$ m，$b = 10.6986 \times 10^{-10}$ m，$c = 15.5116 \times 10^{-10}$ m，$Z = 4$，晶体体积 $V = 1946.05 \times 10^{-30}$ m³。精修的剩余因子最终收敛到 $R_p = 6.88\%$，$R_{wp} = 9.33\%$，$\chi^2 = 1.87$。精修的具体参数见表 4-1 和表 4-2。图 4-1(b) 为 NRMP:xEu^{2+} 样品的 XRD 图，从图中可以清楚地看到实验数据可以很好地与 NRMP 的理论数据进行匹配，Eu^{2+} 离子的掺杂浓度 x 在 $0 \sim 0.08$ 之间且没有杂质相产生。除此之外，由于 Eu^{2+} 的有效离子半径在 Na^+（$CN = 6$，$r = 1.16 \times 10^{-10}$ m；$CN = 8$，$r = 1.32 \times 10^{-10}$ m）和 Rb^+（1.86×10^{-10} m）之间，因此，XRD 结果表明并未出现明显的峰位移动。

表 4-1　NRMP 基质的结构精修参数

化学式	$Na_3RbMg_7(PO_4)_6$
晶系	单斜
空间群	$C2/c$
$a/$m	12.7282×10^{-10}
$b/$m	10.6986×10^{-10}
$c/$m	15.5116×10^{-10}
$\alpha/(°)$	90.00
$\beta/(°)$	112.882
$\gamma/(°)$	90.00
Z	4
$V/$m³	1946.05×10^{-30}
$R_{wp}/\%$	9.33
$R_p/\%$	6.88
χ^2	1.87

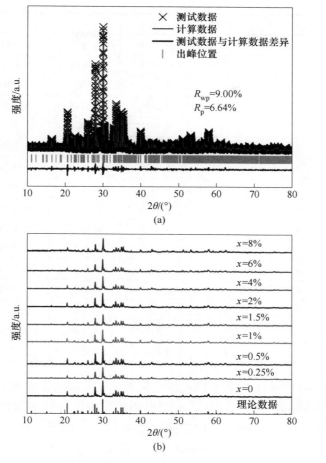

图 4-1 彩图

图 4-1　NRMP 基质的结构 Rietveld 精修图（a）和
NRMP:xEu^{2+} 系列荧光粉的 XRD 图（b）

表 4-2　NRMP 基质的原子坐标参数

原子	Wyckoff 位点	占位率	x	y	z	温度因子
Rb	$4e$	1	0.5000	0.7465	0.7500	0.0507
Mg1	$8f$	0.5	0.2352	0.2307	0.0067	0.02382
Mg2	$4e$	1	0.0000	0.6007	0.7500	0.0394
Mg3	$4e$	1	0.5000	0.6189	0.2500	0.00252
Mg4	$8f$	1	0.1856	0.5451	0.1257	0.01942
Mg5	$8f$	1	0.1924	0.9924	0.1431	0.03014
Na1	$8f$	0.5	0.2631	0.7277	0.0185	0.02198

原子	Wyckoff 位点	占位率	x	y	z	温度因子
Na2	$8f$	1	0.9858	0.7651	0.9886	0.04679
O11	$8f$	1	0.4038	0.7684	0.2846	0.03617
O12	$8f$	1	0.2632	0.9021	0.2803	0.00485
O13	$8f$	1	0.2101	0.7143	0.1896	0.01203
O14	$8f$	1	0.2917	0.6978	0.3625	0.03943
O21	$8f$	1	0.5349	0.5055	0.1435	0.01227
O22	$8f$	1	0.3928	0.5852	0.9828	0.02399
O23	$8f$	1	0.3475	0.5639	0.1267	0.01138
O24	$8f$	1	0.3895	0.3570	0.0649	0.0077
O31	$8f$	1	0.9618	0.4831	0.8609	0.03471
O32	$8f$	1	0.1165	0.6147	0.9869	0.0419
O33	$8f$	1	0.1563	0.5348	0.8697	0.02429
O34	$8f$	1	0.1477	0.3841	0.9969	0.04107
P1	$8f$	1	0.2880	0.7705	0.2697	0.03146
P2	$8f$	1	0.4111	0.5010	0.0793	0.04032
P3	$8f$	1	0.0928	0.4997	0.9275	0.04147

　　据报道，NRMP 具有一种新的晶体结构类型。其结构沿 b 轴方向的投影清晰地体现了晶体结构框架的三维特征，该框架由五种不同的多面体 MgO_x（$x=5$，6）和三种 PO_4 四面体共用边/角连接在一起构成的。钠离子位于沿 [010] 方向的通道内，而 Rb^+ 离子位于大的间隙内。该晶体结构可以通过与 [100] 方向平行的三种结构链（A、B 和 C）来描述，如图 4-2 所示。第一排（A）包括一个 $Na1O_8$ 和两个 $Na2O_6$ 多面体之间的共用边连接成单元，这些单元与 $Mg1O_5$ 多面体交替出现，形成 -Mg1-Na2-Na1-Na2- 的排列。第二排（B）由 $P2O_4$、$P3O_4$、$Mg4O_6$、$Mg5O_5$ 多面体共用角的方式形成 -P3-Mg4-P2-Mg5- 的排列。B 和 $B0$ 相对于 A 的反转中心对称。最后一排（C）包括 $P1O_4$ 四面体与共用边的 $MgiO_6$（$i=$ 2，3）八面体组成的单元通过共用点连接。这些单元与 RbO_{12} 多面体交替形成 -P1-[$Mg2$，$Mg3$]-P1-Rb- 的排列。最后，这些组合通过公用角或边相互连接，以 $ABCB0$ 序列出现形成 NRMP 的晶体结构。此结构中有两个不同位置的 Na^+ 和一个 Rb^+。Na1、Na2、Rb 分别与 8O、6O、12O 原子相结合，分别形成 $Na1O_8$、$Na2O_6$、RbO_{12} 多面体。由于 $Na1O_8$、$Na2O_6$ 和 RbO_{12} 多面体的半径稍大，适合容纳 Eu^{2+} 离子，因此当引入 Eu^{2+} 离子时，可以推断它们会随机占据 Na1、Na2 和 Rb 的位置。据报道，与低对称位置相比，高对称位置即使被 Eu^{2+} 占据，也会产

生较窄的发射光谱，并伴随典型的 f→d 跃迁，而这种跃迁通常会受到晶体场环境的严重影响。根据晶体学分析，Rb-O（3.257×10^{-10} m）的平均键长相对于 Na1—O（2.665×10^{-10} m）和 Na2—O（2.467×10^{-10} m）的键长较大，因此 Eu²⁺ 离子取代 Na2 位置时具有更大的晶体场强度。晶体场强（D_q）与 R 成反比（R 是中心离子与其配体之间的距离），可用以下方程确定：

$$D_q = \frac{1}{6} Ze^2 \frac{r^4}{R^5} \tag{4-1}$$

式中，D_q 为能级分离的量度；Z 为阴离子电荷；e 为电子电荷；r 为波函数的半径；R 为键长。当较小的 Na（Na1 和 Na2）被 Eu²⁺ 占据并取代时，Eu²⁺ 与 O²⁻ 离子的距离较短。由于晶体场分裂与 $1/R^5$ 成正比，因此较短的 Eu²⁺-O²⁻ 距离导致 Eu²⁺ 离子周围的晶体场强度增强，并进一步导致 Eu²⁺ 的 5d 能级表现出更大的晶体场分裂，从而使 Eu²⁺ 中的 5d 能级的最低态更接近其基态。因此，可以得到 Eu1、Eu2 和 Eu3 分别占据 NRMP 中的 Na2、Na 和 Rb 位置，如图 4-2（b）所示。

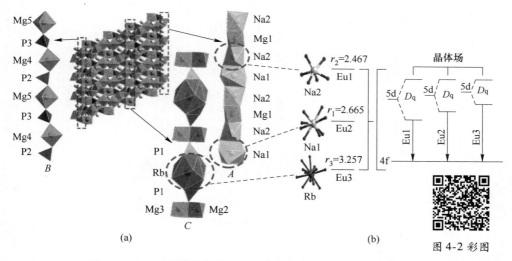

图 4-2　NRMP 的晶体结构和多面体排列位置（a）和 Na1、Na2、
Rb 离子的配位环境及相应的晶体场（b）

4.3　NRMP:Eu²⁺荧光粉的光学特性

4.3.1　漫反射光谱分析

NRMP 基质和 NRMP:0.08Eu²⁺荧光粉的漫反射光谱如图 4-3 所示，NRMP 基质表现出 200～400nm 的能量吸收和 400～700nm 的高反射能力。NRMP 基质的带隙计算公式如下：

$$[F(R_\infty)h\nu]^n = C(h\nu - E_g) \tag{4-2}$$

式中，$h\nu$ 为每个光子的能量；C 为比例常数；E_g 为带隙，当 $n = 1/2$ 时表示为间接跃迁，$n = 2$ 时为直接跃迁，$n = 3/2$ 代表直接禁戒跃迁和 $n = 3$ 代表间接禁止跃迁。$F(R_\infty)$ 表示 Kubelka-Munk 函数，其表达式为：

$$F(R_\infty) = \frac{K}{S} = \frac{(1-R)^2}{R} \tag{4-3}$$

式中，K、S、R 分别为吸收、散射、反射率参数。如图 4-3 的插图所示，NRMP 基质的带隙约 5.4eV。从 $[F(R_\infty)h\nu]$ 的直线外推得到 $[F(R_\infty)h\nu]^2 = 0$。随着 Eu²⁺ 离子的引入，荧光粉在 250 ~ 400nmn-UV 范围内出现较强的宽带吸收，归属于 Eu²⁺ 的 4f⁷→4f⁶5d 跃迁。

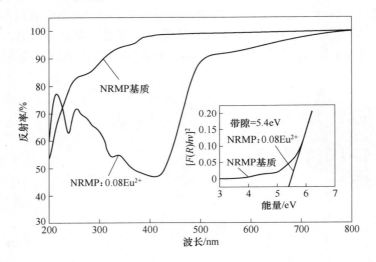

图 4-3　NRMP:xEu²⁺ ($x = 0$, 0.08) 的漫反射光谱

(插图为 NRMP 基质的带隙)

4.3.2　荧光光谱分析

图 4-4 为 NRMP:xEu²⁺ (0.0025 ≤ x ≤ 0.08) 荧光粉的激发和发射光谱。从图 4-4 中可以看出，该荧光粉在 250 ~ 420nm 范围内有较强的吸收（最强峰在 400nm 处），说明 NRMP:xEu²⁺ 可以被紫外光到蓝光所激发。由于高度凝聚的晶体结构，NRMP:xEu²⁺ 荧光粉在 454nm 处表现出令人惊讶的窄带蓝色发射（FWHM ≈ 49nm）。据报道，FWHM 越窄，色纯度越高。当 FWHM 低于 80 时被定义为高色纯度。此外，在 400nm 激发下，随着 Eu²⁺ 浓度的增加，荧光粉的发射强度表现出先增加后降低的趋势，在 $x = 0.015$ 时达到最大值（见图 4-4），即出现浓度猝灭现象。同时峰位随着 Eu²⁺ 浓度的增加而向长波长方向移动（见图 4-5(a)）。浓度猝灭现象的出现是由于随着 Eu²⁺ 浓度的增加，Eu²⁺ 和 Eu²⁺ 之

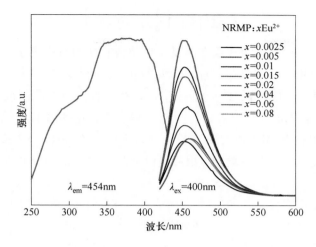

图 4-4　NRMP:xEu^{2+}（0.0025 $\leqslant x \leqslant$ 0.08）系列荧光粉的激发和发射光谱

间出现了无辐射跃迁的能量传递现象增强，导致发射强度降低。值得注意的是，离子间的临界距离可以很好地解释这一现象，对于 Eu^{2+} 之间能量转移的临界距离（R_c），可由 Blass 公式计算得到：

$$R_c \approx 2 \left(\frac{3V}{4\pi x_c N} \right)^{\frac{1}{3}} \tag{4-4}$$

式中，V 为晶胞体积；x_c 为临界浓度；N 为单个晶体结构中掺杂离子的配位数。在该晶体结构中，$V = 1943.80 \times 10^{-30}$ m^3，$N = 4$，$x_c = 0.015$，通过上述公式计算得出 Eu^{2+} 在 NRMP 中的临界距离约为 24.9×10^{-10} m。相对较小的 R_c 意味着发光中心之间的距离较小。已知固体化合物的共振能量传递机制有交换相互作用或电多极相互作用两种。因为交换相互作用只在短临界距离（通常是 $R_c < 5 \times 10^{-10}$ m）时占主导地位，因此，NRMP:Eu^{2+} 的浓度猝灭主要是通过 Eu^{2+} 之间的多极电相互作用发生的。具体来说，根据德克斯特理论，电多极相互作用有三种不同的类型。Eu^{2+} 离子之间的相互作用类型可以用以下方程来计算（Dexter 理论）：

$$I/x = k[1 + \beta(x)^{\frac{\theta}{3}}]^{-1} \tag{4-5}$$

式中，x 为活化剂浓度；k 和 β 为常数；θ 为一个电多极类型所对应的值，具体来说，$\theta = 6$、8、10 分别对应于偶极-偶极（d-d），偶极-四极（d-q）和四极-四极（q-q）的相互作用。从图 4-5(b) 可以得出，NRMP:Eu^{2+} 中 θ 接近于 6，结果表明，Eu^{2+} 的浓度猝灭机制为偶极-偶极相互作用。

　　为了进一步区分 NRMP:Eu^{2+} 荧光粉中发射中心（420~600nm）的来源，使用著名的 Van Uitert 方程来定性地分析实验结果。对于合适的基质掺杂 Eu^{2+} 的荧光材料来说，可以通过以下公式来计算：

$$E = Q\left[1 - \left(\frac{V}{4}\right)^{\frac{1}{V}}10^{-\frac{nE_\alpha r}{80}}\right] \tag{4-6}$$

式中，E 为稀土离子 d 能级边缘在能量中的位置；Q 为自由离子 d 能级下边缘的位置（Eu²⁺ 为 34000cm⁻¹）；V 为活化剂（Eu²⁺）的化合价（$V=2$）；n 为 Eu²⁺在晶体结构中配位的阴离子数；r 为被 Eu²⁺离子取代的基质阳离子的半径；E_α为 Eu²⁺与阴离子配位的电子亲和能。该方程表明，E 的值与 $n \times r$ 的值成正比。因此，可以得出在 NRMP:Eu²⁺荧光粉中（以 NRMP:0.0015Eu²⁺荧光粉的发射光谱为例），PL 光谱在 462nm 处的发射峰是由于 Eu²⁺离子的 4f⁶5d¹→4f⁷ 跃迁并且占

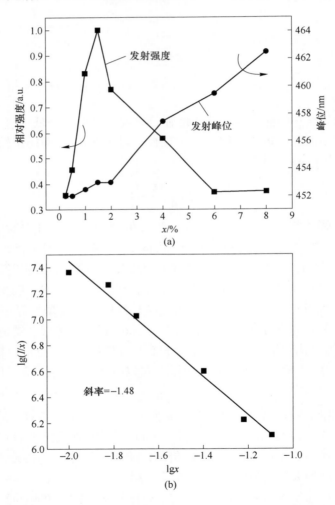

图 4-5 随着 Eu²⁺浓度的增加，荧光粉发射强度和发射峰位的变化趋势（a）与
NRMP:xEu²⁺荧光粉中 Eu²⁺的 lg(I/x) 和 lg$x$ 之间的依赖关系（b）

据了具有8位配位环境的Na1位置；485nm处的发射峰归属于Eu²⁺占据了6配位环境下的Na2位点，而443nm的峰归属于Eu²⁺占据了12配位环境下的Rb位点。

通过改变稀土离子浓度来调控稀土离子活化荧光粉材料的光致发光是一个重要研究方向。通过对基质材料的化学修饰，可以引起局域结构和电子的改变，从而产生稀土离子的各向异性局域环境，最终改变发射中心的能级，调整光谱发射位置。为了进一步解释 NRMP:xEu²⁺（$x = 0.0025$、0.005、0.01、0.015、0.02、0.04）荧光粉的高色纯度窄带发射光谱，对其发射光谱进行了高斯拟合，如图4-6所示。在 $x = 0.0025 \sim 0.04$ 之间，通过高斯拟合可以将不对称发射光谱分为三个光谱。而当 $x = 0.015$ 时，发射光谱相对对称，中间峰占主导地位。根据前面的讨论，可以将较高的能量发射峰分配给Eu²⁺占据较大Rb位置，将较低的能量发射峰分配给Eu²⁺占据较小Na1和Na2位置。从图4-6可以看出，当Eu²⁺浓度较低时，Eu²⁺离子往往占据较大的Rb位点，因为Eu²⁺离子的离子尺寸大于Na1和Na2，而随着Eu²⁺浓度的进一步升高，Eu²⁺离子被迫占据较小的Na1和Na2位点。可以看出，随着Eu²⁺浓度的增加，低能量发射峰增强，高能量发射峰减弱。因此，提出了一种可能的机制：在低掺杂浓度（$x \leqslant 0.015$）下，Eu²⁺离子随机占据Rb、Na1和Na2位点，并且Eu²⁺离子优先占据Rb位点。当 x 增加时，Rb多面体的收缩导致Na1和Na2多面体周围有足够的空间让Eu²⁺离子进入Na1和Na2位点。最后，在高掺杂浓度下（$x = 0.015$），Eu²⁺离子优先占据Na1位点，产生窄带蓝光发射。

4.3.3 热稳定性分析

荧光粉的热稳定性是衡量其应用潜力的一个重要性能指标，因为它对光输出、使用寿命和显色指数都有巨大的影响。NRMP:0.015Eu²⁺荧光粉在400nm紫外光激发下的发光光谱随温度的变化如图4-7(a)和(b)所示。可以清楚地看到，随着温度的升高，发射强度逐渐减小，为了了解发射强度对温度的依赖性，活化能是衡量热稳定性的一个标准。一般情况下，热淬灭过程的活化能可以通过阿伦尼乌斯方程计算：

$$I_T = \frac{I_0}{1 + c\exp\left(-\dfrac{\Delta E}{kT}\right)} \tag{4-7}$$

式中，I_0 为室温（20℃）下的初始发射强度；I_T 为温度 T 下对应的发射强度；ΔE 为活化能；k 为是玻耳兹曼常数，8.629×10^{-5}eV。$\ln[(I_0/I) - 1]$ 与 $1/kT$ 的线性拟合结果说明温度猝灭过程符合 Arrhenius 型激活模型，活化能可确定为 0.3eV。一般来说，发射强度的热猝灭可以通过激发态与基态的交点热激活交叉弛豫位形坐标图来解释，如图4-7(d)所示。在较低的Eu²⁺浓度下，Eu²⁺的发射峰主要是由5d向4f的跃迁（即本征发射）主导。发射强度随温度升高而减小的

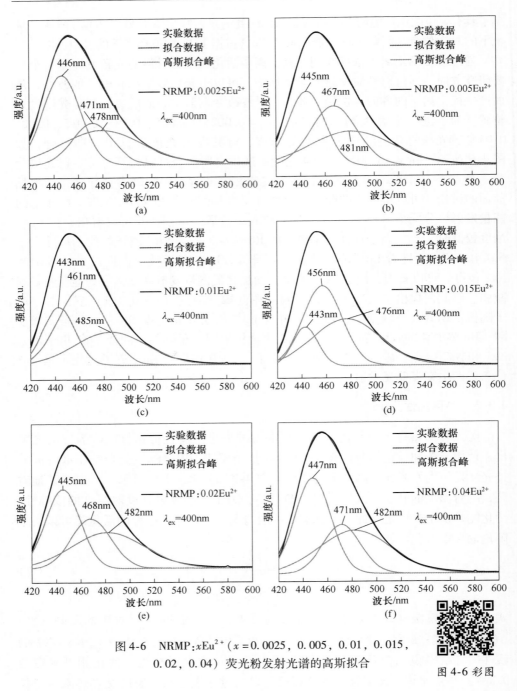

图 4-6　NRMP:xEu²⁺（x = 0.0025，0.005，0.01，0.015，
0.02，0.04）荧光粉发射光谱的高斯拟合

原因是温度依赖性的电子-声子相互作用。随着温度的升高，电子-声子相互作用增强，进一步使处于 5d 激发态底部的电子向激发态与基态交界处转移，然后以

非辐射的方式向 4f 基态弛豫。这种热激活的非辐射跃迁概率与温度密切相关，导致发射强度的降低。显然，NRMP:Eu^{2+}荧光粉具有良好的热稳定性。在 140℃时，BAM 的 PL 发射强度下降到初始强度的 91%，而 NRMP:0.015Eu^{2+}荧光粉只下降到 96%，如图 4-7(c) 所示。

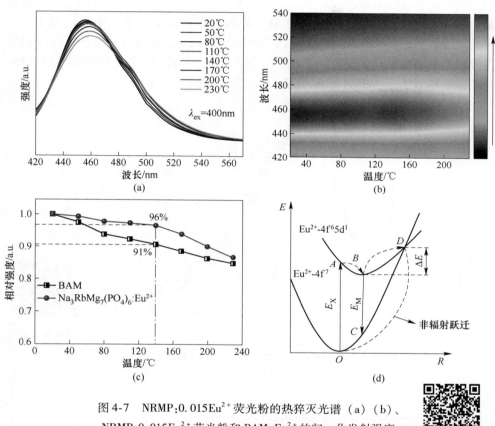

图 4-7　NRMP:0.015Eu^{2+}荧光粉的热猝灭光谱（a）（b）、
NRMP:0.015Eu^{2+}荧光粉和 BAM:Eu^{2+}的归一化发射强度
随温度的变化对比（c）和 NRMP:0.015Eu^{2+}
荧光粉的热猝灭过程位形坐标图（d）

图 4-7 彩图

　　除此之外，还观察到在整个测试范围内发射强度的轻微波动。具体来说，在升温至 80℃的过程中，发射强度持续下降至初始强度的 98%。然而，在那之后直到大约 140℃，发射强度的降低有一个轻微的减速过程，随后发射强度开始再次下降。这种具有"异常热猝灭行为"的荧光粉有利于光电器件的应用，特别是大功率白光 LED。一般来说，温度的升高会放大高振动能级的密度、声子密度和非辐射转移（向缺陷的能量迁移）的概率，因此发射强度通常会随着温度的升高而降低。然而，在这种情况下，NRMP:0.015Eu^{2+}荧光粉表现出的异常热猝灭行为，可以用热猝灭和热激发能量转移行为共存来解释。在 80℃ 之前，热猝灭行为起主要作用，导致发射强度持续损失。随着温度的进一步升高，能量从陷阱能级到 Eu^{2+} 的 5d 激发能级传递，补偿了热猝灭导致的发光损失，使发射强度的下降速率减慢。在较高的热刺激下，当能量传递过程下降时，发射强度再次下降。

　　当温度从 20℃ 增加到 230℃ 时，随着发射强度的变化，发射峰出现了红移现象，FWHM 变宽，如图 4-8 所示。简单来说，在高温下，发光中心（如 Eu^{2+}）与其配体离子之间的键长增加，导致晶体场强度减小。因此，它会引起简并激发态或基态的分裂，导致跃迁能的降低，最终使发射峰随温度的升高而出现红移。此外，受热激活声子模的影响，FWHM 逐渐变宽。

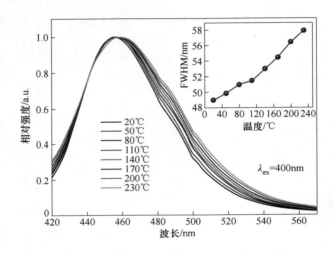

图 4-8 彩图

图 4-8　NRMP:0.015Eu^{2+} 的归一化热猝灭光谱
（插图为 FWHM 随着温度升高的变化趋势图）

4.3.4　荧光衰减和时间分辨光谱分析

　　图 4-9 为 NRMP:xEu^{2+} 系列荧光粉的荧光衰减曲线图，从图中可以看出，随着 Eu^{2+} 离子掺杂浓度的增加（在 400nm 激发下），衰减曲线逐渐上升。经过指数拟合和计算，发现该曲线可以很好地通过以下公式进行双指数拟合：

$$I(t) = A_1 \exp\left(-\frac{t}{\tau_1}\right) + A_2 \exp\left(-\frac{t}{\tau_2}\right) \tag{4-8}$$

式中，I 为发光强度；A_1 和 A_2 为常数；t 为时间；τ_1 和 τ_2 为不同阶段的寿命。此外，平均衰减时间（τ^*）可以通过以下公式计算：

$$\tau^* = \frac{A_1 \tau_1^2 + A_2 \tau_2^2}{A_1 \tau_1 + A_2 \tau_2} \tag{4-9}$$

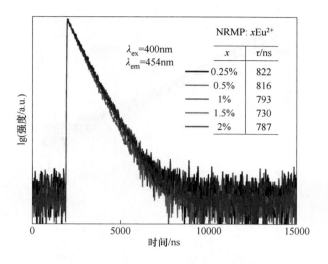

图 4-9 彩图

图 4-9　NRMP:xEu²⁺系列荧光粉的荧光衰减曲线

通过上式计算得到 NMRP:xEu²⁺（$x = 0.0025$、0.005、0.01、0.015、0.02）系列荧光粉的平均寿命分别为 822ns、816ns、793ns、730ns 和 787ns。众所周知，Eu²⁺离子由于 5d 和 4f 轨道之间的空间重叠差所导致的允许的电偶极子 5d→4f 跃迁致使其衰减时间在纳秒级别。除此之外，衰减时间随 Eu²⁺含量的增加而单调下降，说明 Eu²⁺之间存在有效的能量转移。我们注意到即使它有三个不同的发光中心（Na⁺和 Rb⁺的三种位点），其衰减曲线却是双指数拟合的，这是因为发射的监测波长为 454nm，其光谱仅由 456nm 和 476nm 的峰贡献。从图 4-6（d）（以 NRMP:0.015Eu²⁺为例）可以明显看出，在发射光谱的 454nm 处，443nm 处的峰值强度较弱，而 456nm 和 476nm 处的峰值强度仍相对较强。因此，当以 454nm 作为监测波长测量衰减曲线时，对衰减时间的实际贡献只是 456nm 和 476nm 的两个光谱，换句话说是两个发光中心占主导地位。结果导致发光中心与指数拟合不一致。

为了进一步证明荧光粉中的不同掺杂位点或发光中心，还测量了 NRMP:0.015Eu²⁺荧光粉不同发射波长下的衰减曲线和时间分辨光致发光（TRPL）光谱，如图 4-10 所示。从图 4-10（a）可以看到，当激发波长为 400nm，分别在 443nm、462nm 和 485nm 波长下进行监测时，衰减曲线向下移动。对于这三个监控波长，计算出的衰减时间分别为 704ns、799ns 和 839ns。不同的衰减时间表明它具有三个发光中心或 Eu²⁺的掺杂位点。测量了 NMRP:0.015Eu²⁺样品的荧光寿命时间分辨光谱曲线，如图 4-10（b）所示。显然，从 TRPL 光谱清楚地观察到三个发射峰。同时，随着时间间隔的延长，有趣的是这三个峰的强度比发生了明显的变化，从而确认存在三个发光中心。三个发射峰的出现进一步表明 Eu²⁺占据了三个不同的阳离子晶格位点，与上述结构分析部分相一致。

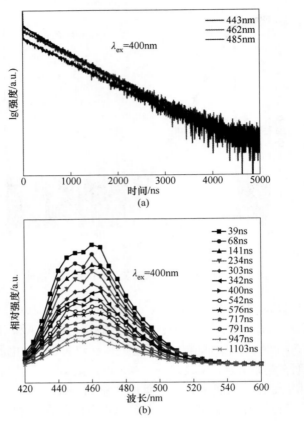

图 4-10 彩图

图 4-10　NRMP:0.015Eu²⁺荧光粉的不同检测波长下的
衰减曲线 (a) 和时间分辨光谱 (b)

4.3.5　阴极射线发光光谱分析

为了探索 NRMP:xEu²⁺作为新型蓝光荧光粉在场发射显示 (FED) 系统中的应用潜力,测试了 NRMP:xEu²⁺ (0.0025 ≤ x ≤ 0.04) 荧光粉的阴极发光 (CL) 光谱,如图 4-11 所示。图 4-11(a) 为 NRMP:xEu²⁺荧光粉不同浓度的 CL 光谱。由图观察到 CL 强度在 x = 0.015 时达到最大值。PL 和 CL 的发射光谱完全相似,并且发射光谱的颜色基本相同。荧光粉的发光颜色完全取决于发光中心的性质。在低电压电子束激发下,NRMP:0.015Eu²⁺荧光粉主要表现为约为 454nm 处的窄带蓝色发射,这是由 Eu²⁺分别占据 Na⁺和 Rb⁺的 5d→4f 跃迁所致。因此,PL 和 CL 光谱的比较表明,PL 和 CL 发射是在相同的发光中心产生的。NRMP:0.015Eu²⁺样品的 CL 发射强度随不同电压和不同电流的变化曲线如图 4-11(b) 和 (c) 所示。由图看出,在 5kV 的电子束激励下,CL 强度也随着电流从 40mA 到 90mA 的增加而增大,如图 4-11(b) 所示。同样,当电流保持在 50μA/cm²

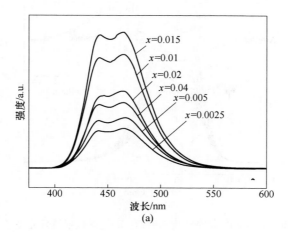

(a)

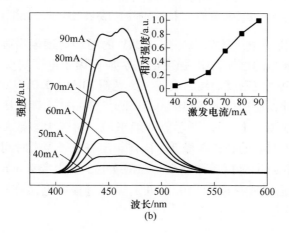

(b)

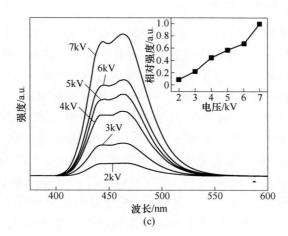

(c)

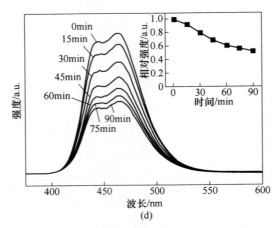

图 4-11　不同 Eu^{2+} 掺杂浓度 NRMP:xEu^{2+} 阴极射线发光光谱（a）、

NRMP:0.015Eu^{2+} 不同电流发射强度（b）、NRMP:0.015Eu^{2+}

不同电压发射强度（c）和不同时间的阴极射线发光光谱（d）

时，CL 发射强度随着电压从 2.0kV 到 7.0kV 的增加而逐渐增强，如图 4-11(c)
所示。随着电子能量的增加，CL 强度的增加应归因于电子对荧光粉体的深度穿
透和更大的电子束电流密度。结果表明，荧光粉 NRMP:0.015Eu^{2+} 有利于 FED 中
的应用。除此之外，还进行了 NRMP:0.015Eu^{2+} 样品在连续低压电子束激发下的
老化性能测试，如图 4-11(d) 所示。一般来说，对于大多数 FEDs 荧光粉，CL
强度随着电子轰击时间的延长而降低。同样，随着电子轰击时间的延长，NRMP:
0.015Eu^{2+} 荧光粉的 CL 强度单调减小。在持续电子束轰击 90min 后，可保留初始
值的 50% 左右。这种现象可能是由于电子辐射过程中电荷在材料表面的积累，
从而降低了 CL 强度。

4.3.6　EL 光谱和色坐标分析

对于单掺杂的 NRMP:0.015Eu^{2+} 荧光粉，由于 Na$^+$/Rb$^+$ 和 Eu^{2+} 离子的价态
不同，其电荷的不平衡会导致内部缺陷的数量。因此，需要电荷补偿来增强发光
强度。值得注意的是，Li$^+$ 离子共掺杂可以提高 NRMP:0.015Eu^{2+} 样品的 PL 强
度。当 Li$^+$ 离子进入 NRMP:0.015Eu^{2+} 样品时，Na$^+$/Rb$^+$-Eu^{2+}-Li$^+$ 对能够有效降
低材料内部缺陷浓度，减弱 Eu^{2+} 离子间的能量传递，增强了发光强度。如图
4-12(a)所示，在相同的激发条件下(400nm)，NRMP:0.015Eu^{2+},0.015Li$^+$ 荧光
粉比商用 BAM:Eu^{2+} 荧光粉有更强的发射强度。NRMP:0.015Eu^{2+}，0.015Li$^+$ 的
CIE 坐标和商用 BAM:Eu^{2+} 荧光粉分别为(0.1437,0.1426) 和(0.145,0.0895)，
可以明显看出，NRMP:0.015Eu^{2+} 的 CIE 坐标更接近于标准蓝光的 CIE 坐标。因
此，荧光粉 NRMP:0.015Eu^{2+} 具有 89% 的高色纯度，这意味着该荧光粉可以作为

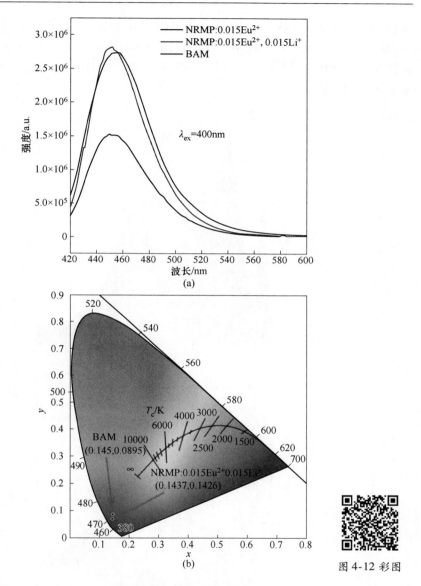

图 4-12　NRMP:0.015Eu^{2+}，0.015Li$^+$，NRMP:0.015Eu^{2+} 和 BAM 发光强度的对比（a）

和 NRMP:0.015Eu^{2+}，0.015Li$^+$，BAM:Eu^{2+}荧光粉的 CIE 坐标对比（b）

WL-LEDs 应用的蓝色荧光粉。

　　为了进一步证明改良荧光粉在 LED 中的实际应用，制备了由基于 InGaN 近紫外 LED 芯片（400nm）激发蓝色荧光粉 NRMP:0.015Eu^{2+}，0.015Li$^+$、绿色荧光粉（Ba,Sr）$_2$SiO$_4$:Eu^{2+} 和发红光的 CaAlSiN$_3$:Eu^{2+} 荧光粉组合的近紫外白光LED，其中电流为 350mA，电压为 3.46V。所制备的 WLED 的 CCT、CRI 和 CIE

颜色坐标分别为 4468K、85.81 和 (0.3417, 0.3314)，如图 4-13 所示。通过计算得到，在 1931CIE 色坐标中，蓝光荧光粉 NRMP:0.015Eu²⁺，0.015Li⁺ 可以覆盖的色域是 NTSC 的 1.03 倍。以上结果可以说明 NRMP:Eu²⁺ 是一种很有前途的窄带蓝色荧光粉。

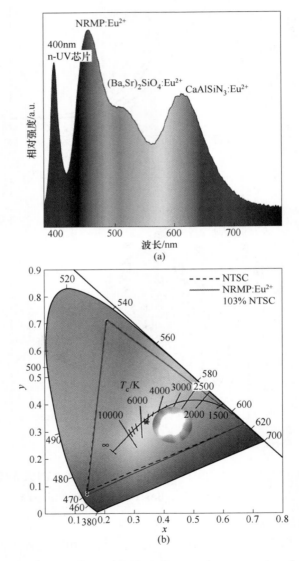

图 4-13 彩图

图 4-13　LED InGaN 激发蓝色荧光粉 NRMP:0.015Eu²⁺，0.015Li⁺，绿色荧光粉 (Ba,Sr)₂SiO₄:Eu²⁺ 和红色荧光粉 CaAlSiN₃:Eu²⁺ 所制备的 LED 器件的 EL 光谱 (a) 和 NRMP:0.015Eu²⁺，0.015Li⁺ 和 NTSC 在 CIE 色坐标图内的色域范围对比 (b)

4.4 小 结

本章通过传统的高温固相法制备了 Eu^{2+} 离子激活的系列蓝色荧光粉 NRMP: xEu^{2+} ($0.0025 \leqslant x \leqslant 0.08$) 和 Eu^{2+}-Mn^{2+} 共掺的颜色可调荧光粉 NRMP: $0.015Eu^{2+}$, $0.015Li^+$, yMn^{2+} ($0 \leqslant y \leqslant 0.11$)。并对其晶体结构和发光性能进行了分析,阐述了发光和能量传递机理,结果表明 NRMP: Eu^{2+} 和 NRMP: Eu^{2+} , Mn^{2+} 荧光粉在用于高效 WLED 中具有巨大潜力。

首先对基质 NRMP 进行了 Eu^{2+} 掺杂,XRD 和精修结果表明 Eu^{2+} 的掺杂并未引起杂质相的生成,并且该荧光粉具有良好的结晶性。通过精修结果得到的晶体结构可以得出,在 NRMP 基质中具有两种 Na 和一种 Rb 供 Eu^{2+} 占据,并通过高斯拟合光谱对其占据机理进行了解释。其次,NRMP: Eu^{2+} 荧光粉的发射光谱表明,该荧光粉具有高色纯度的窄带发射,并且 FWHM 为 49nm。最后对该荧光粉的热稳定性进行了测试,结果表明,该荧光粉具有比商用 BAM 更优的热稳定性,即温度为 140℃时占初始温度的 96%(BAM:91%)。

其次,由于 Eu^{2+} 离子进入基质之后占据一价的 Na(或 Rb),致使荧光粉中电荷不平衡。为了解决这一不足,对其荧光粉进行了 Li^+ 的电荷补偿。结果发现,Li^+ 使其荧光粉的发射强度增强,并且优于商用 BAM,最后通过 CIE 坐标发现,NRMP:$0.015Eu^{2+}$, $0.015Li^+$ 荧光粉的 CIE 坐标更接近于蓝色区域,结果表明该荧光粉具有比 BAM 更高的色纯度,并且是一种优异的蓝色 WLED 用荧光粉。

5 $Na_3KMg_7(PO_4)_6:Eu^{2+}$ 荧光粉的合成以及发光性能的研究

5.1 引　言

在第 4 章中，使用高温固相法制备了高热稳定性的窄带蓝色发射荧光粉 $NRMP:Eu^{2+}$ 荧光粉，并对其发光性能，热稳定性和能量传递机理进行了研究。众所周知，同一主族的元素具有相近的物理化学性能，因此，如果尝试基于组分工程调控方法，使用同一主族的 K 离子对 Rb 进行组分替换，对荧光粉的发光性能会造成什么样的影响呢？

在这一章中，使用同样的传统高温固相法制备了窄带蓝色荧光粉 NKMP：Eu^{2+}，详细研究了其发光性能和相关传递机理。

5.2 NKMP：Eu^{2+} 荧光粉的物相分析

图 5-1(a) 为 NKMP：xEu^{2+}，yLi^+（$0 \leqslant x$，$y \leqslant 3\%$）系列荧光粉的 XRD 图谱。从图中可以看出，所有衍射峰与理论 XRD 峰位一一对应，这表明合成的样品为单相，并且掺杂离子对基质晶格并未产生很大影响。图 5-1(b) 为 NKMP 基质的 XRD Rietveld 精修图。可以看到，通过理论计算得到 XRD 衍射峰的结果与实验结果吻合得很好。精修结果表明，NKMP 具有良好的结晶性，属于单斜晶系，$C2/c(15)$ 空间群。晶胞参数为 $a = 12.7135 \times 10^{-10}$ m，$b = 10.6471 \times 10^{-10}$ m，$c = 15.4586 \times 10^{-10}$ m，$Z = 4$，晶体体积 $V = 1928.21 \times 10^{-30}$ m^3。精修的剩余因子最终收敛到 $R_p = 9.4\%$，$R_{wp} = 12.48\%$，$\chi^2 = 1.947$。精修的具体参数见表 5-1 和表 5-2。

表 5-1　NKMP 基质的结构精修参数

化学式	$Na_3KMg_7(PO_4)_6$
晶系	单斜
空间群	$C2/c$
a/m	12.7135×10^{-10}
b/m	10.6471×10^{-10}

续表 5-1

c/m	15.4586×10^{-10}
$\alpha/(°)$	90.00
$\beta/(°)$	112.857
$\gamma/(°)$	90.00
Z	4
V/m^3	1928.21×10^{-30}
$R_{wp}/\%$	12.48
$R_p/\%$	9.4
χ^2	1.947

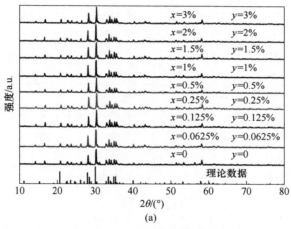

(a)

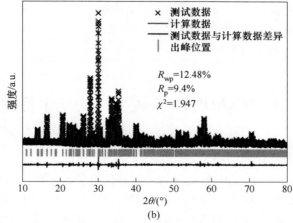

(b)

图 5-1 彩图

图 5-1　NKMP:xEu²⁺，yLi⁺（$0 \leqslant x$，$y \leqslant 3\%$）荧光粉的
XRD 图谱（a）和 NKMP 基质的 XRD 精修图（b）

表 5-2　NKMP 基质的原子坐标参数

原子	x	y	z	占位率	温度因子
Mg1	0.24933	0.21830	0.00011	0.5	0.02294
Mg2	0.00000	0.58616	0.75000	1.0	0.01658
Mg3	0.50000	0.61108	0.25000	1.0	0.04362
Mg4	0.18104	0.53206	0.12509	1.0	0.03169
Mg5	0.19992	1.00978	0.15169	1.0	0.04065
Na1	0.25229	0.73626	0.02245	1.0	0.01049
Na2	0.99148	0.77764	0.99762	1.0	0.02573
O11	0.42305	0.75594	0.27272	1.0	0.02168
O12	0.24510	0.91077	0.25816	1.0	0.02533
O13	0.20617	0.72967	0.18676	1.0	0.03803
O14	0.27983	0.69982	0.34369	1.0	0.03714
O21	0.55559	0.51375	0.15140	1.0	0.07246
O22	0.38008	0.57356	0.98126	1.0	0.04901
O23	0.33486	0.55686	0.14132	1.0	0.02020
O24	0.37348	0.35215	0.06078	1.0	0.06622
O31	0.96046	0.47971	0.86789	1.0	0.05384
O32	0.12651	0.62149	0.99650	1.0	0.05531
O33	0.15147	0.51634	0.85007	1.0	0.01087
O34	0.13847	0.38203	0.98759	1.0	0.12185
P1	0.29182	0.77163	0.27819	1.0	0.06729
P2	0.40088	0.50563	0.07294	1.0	0.05819
P3	0.08958	0.50285	0.92276	1.0	0.05369
K	0.50000	0.73187	0.75000	1.0	0.05916

5.3　NKMP:Eu²⁺荧光粉的光学特性

5.3.1　荧光光谱分析

　　由于在该基质中，Eu²⁺的掺杂导致了系统内电荷不平衡，因此，对其进行了 Eu²⁺-Li⁺共掺，以平衡电荷。图 5-2 为 NKMP:xEu²⁺，yLi⁺（0≤x，y≤3%）系列荧光粉的激发和发射光谱。NKMP:xEu²⁺，yLi⁺荧光粉在 250～420nm 之间表现出强烈的吸收，如图 5-2(a) 所示。这是典型的 Eu²⁺的 4f⁷($^8S_{7/2}$)→4f⁶5d¹ 跃迁。图 5-2(b) 为 NKMP:xEu²⁺，yLi⁺荧光粉在 400nm 激发下的发射光谱。如图所示，所有样品均表现出在447nm处的窄带发射，这归属于 Eu^{2+} 的 $4f^65d^1 \rightarrow 4f^7$ 跃迁。除此之外，据报道，窄带发射与基质材料高度凝聚和刚性的晶体结构有关。如图5-2(b) 的插图所示，随着 Eu^{2+} 浓度的增加，NKMP: xEu^{2+} ，yLi^+ （0≤x，y≤3%） 系列荧光粉的发射强度逐渐增大，当 Eu^{2+} 浓度为1%，发射强度达到最大值，即发生浓度猝灭现象。一般来说，随着掺杂剂浓度的增加，荧光粉的发光增强可以归因于基体中激活离子的增多。当达到临界浓度后，由于相邻掺杂离子之间在较短距离内进行能量迁移，导致发光强度开始下降。

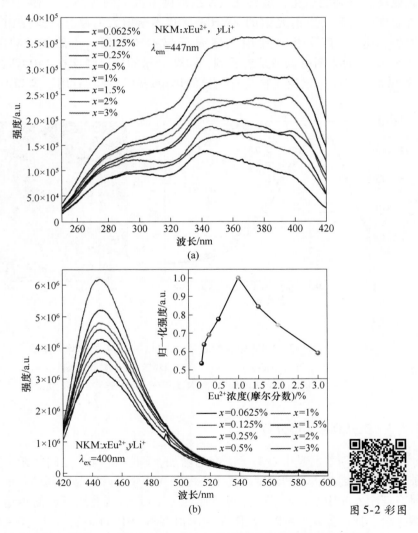

图5-2　NKMP: xEu^{2+} ，yLi^+ （0≤x，y≤3%） 系列荧光粉的激发和发射光谱
（插图为归一化的发射强度随 Eu^{2+} 浓度的变化趋势）

5.3.2 热猝灭光谱分析

荧光粉的热稳定性对其在高效白光 LED 中的应用具有重要意义。图 5-3 为 NKMP:0.01Eu²⁺，0.01Li⁺荧光粉在 20～230℃范围内的热猝灭光谱。由图可知，随着温度的升高，NKMP:0.01Eu²⁺，0.01Li⁺荧光粉发射强度逐渐降低并且其发射光谱出现了红移现象。这一结果可以用 Varshini 方程来解释。简而言之，发光中心的键长随温度的升高而增大，导致晶体场的减小。因此，它会导致激发态或基态分裂的退化，最终使其发射峰随着温度的升高而红移。除此之外，随着温度的升高，发射光谱的 FWHM 具有逐渐增大的趋势。这是由于声子密度增加，电子-声子相互作用在高温下起主导作用，从而使 FWHM 变宽。从图 5-3(a)的插图可以清楚地看到，该荧光粉的发射强度在 140℃时为初始强度的 82%，因此，该荧光粉具有优异的热稳定性以及具有用于 WLED 的潜力。

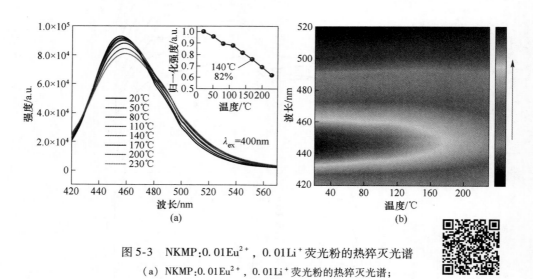

图 5-3　NKMP:0.01Eu²⁺，0.01Li⁺荧光粉的热猝灭光谱
(a) NKMP:0.01Eu²⁺，0.01Li⁺荧光粉的热猝灭光谱；
(b) NKMP:0.01Eu²⁺，0.01Li⁺荧光粉的热猝灭 mapping 光谱

图 5-3 彩图

5.3.3 荧光衰减光谱分析

通常，随着发光中心离子浓度的增加，Eu²⁺和 Eu²⁺之间的距离减小并发生能量转移。因此，不同浓度发光中心的荧光粉衰变时间是不同的。由于 NKMP 中具有三个发光中心(Eu²⁺)可占据的位点，因此衰减曲线不能简单地用单指数函数拟合。通过公式 (4-9) 及图 5-4 求得在 NKMP:xEu²⁺，yLi⁺(0≤x，y≤3%) 荧光粉中 Eu²⁺的平均衰减时间为 734ns，733ns，724ns，695ns，686ns，670ns，669ns，660ns。结果表明，随着 Eu²⁺浓度的增加，该荧光粉的平均寿命均逐渐下

降，说明随着 Eu^{2+} 离子浓度增加，相近 Eu^{2+} 之间的能量转移作用逐渐增强。

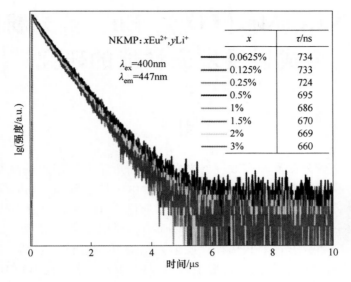

图 5-4 彩图

图 5-4　NKMP：xEu^{2+}，yLi^{+}（$0 \leqslant x$，$y \leqslant 3\%$）荧光粉的衰减曲线

5.4　小　　结

　　本章在第 4 章的基础上通过将 Rb^{+} 离子替换成 K^{+} 制备了具有蓝光发射的 NKMP：Eu^{2+} 荧光粉。首先，利用高温固相法在 1000℃ 高温下制备了一种新型蓝色发射荧光粉 NKMP：Eu^{2+}。通过 XRD 表征，合成的样品与理论结果很吻合，并且掺杂 Eu^{2+} 并不会对 NKMP 基质产生明显的影响，并且，通过晶体结构得到 Eu^{2+} 在该基质中具有三种不同的发射中心位置。

　　其次，通过测量 NKMP：Eu^{2+} 荧光粉的激发和发射光谱发现，样品在 250 ~ 420nm 的 UV 和 n-UV 范围内有较强的吸收，这与现在市面上的常见 LED 芯片能很好地匹配（为了保持电荷平衡，本章所有 NKMP：Eu^{2+} 样品都进行了 Eu^{2+}-Li^{+} 共掺杂）。从发射光谱可以看出，NKMP：Eu^{2+} 荧光粉在 420 ~ 600nm 之间具有不对称的宽带发射，这与该基质中具有不同的 Eu^{2+} 发射中心相对应。发射强度随着 Eu^{2+} 浓度的增加而逐渐增强，在 $x = 0.01$ 处出现了浓度猝灭点，并且在该点处发射强度最强，随后随着 Eu^{2+} 离子的增加逐渐降低。通过测量 NKMP：Eu^{2+} 荧光粉的热猝灭光谱研究了该荧光粉的热稳定性。结果显示，随着温度的增加，发射强度呈单调下降趋势。且在 140℃ 时保持为初始温度的 82%，表明该荧光粉具有较高的热稳定性。

6 $Na_3CsMg_7(PO_4)_6:Eu^{2+}$ 荧光粉的合成以及发光性能的研究

6.1 引　言

具有宽带近紫外激发和有效可见光发射的无机荧光粉是制备高性能 WLED 的重要材料。荧光粉在制造过程和工作环境中由于热、氧和水的降解会导致光输出减少。本章在第 5 章的基础上改变了基质阳离子（Cs），使用传统的高温固相法制备了一系列蓝色荧光粉 NCMP:Eu^{2+}。利用 X 射线衍射、光致发光、CIE 色坐标、内部量子效率和热猝灭发射光谱对样品进行了表征。结果表明，NCMP:Eu^{2+} 较高的热稳定性和高量子效率（93.4%）使其在 WLED 领域有很大的应用潜力。

6.2 NCMP:Eu^{2+}荧光粉的物相分析

材料的结构和性质是相互联系和密不可分的。通过高温固相反应成功地合成了 NCMP:xEu^{2+}，xLi^+（$0 \leqslant x \leqslant 0.04$）系列样品。为了鉴定所制备样品的相纯度，图 6-1(a) 比较了掺杂不同 Eu^{2+} 浓度的样品 XRD 图谱和理论拟合结果，几乎所有衍射峰（观察到）都与标准图谱（计算得出）高度一致，未检测到未反应或第二产物相的痕迹。其次，使用 GSAS 对样品的 XRD 数据进行了 XRD Rietveld 精修，如图 6-1(b) 所示。根据给定的组成，晶体学数据 NRMP 的原始数据被用作分析的起始模型。NCMP 的精修结果稳定，收敛且可靠，具有较低的收敛因子，$R_{wp} = 8.16\%$ 和 $R_p = 6.16\%$，详细的晶体学参数见表 6-1。结果表明所获得的 Eu^{2+} 掺杂样品仍保留了具有单斜晶系（$C2/c$）的原始 NRMP 的晶体结构。

表 6-1　NCMP 基质的结构精修参数

化学式	$Na_3CsMg_7(PO_4)_6$
晶系	单斜
空间群	$C2/c$
a/m	12.7553×10^{-10}
b/m	10.7242×10^{-10}

c/m	15.5648×10^{-10}
$\alpha/(°)$	90
$\beta/(°)$	113.036
$\gamma/(°)$	90
Z	4
V/m^3	1959.344×10^{-30}
$R_{wp}/\%$	8.16
$R_p/\%$	6.16
χ^2	1.48

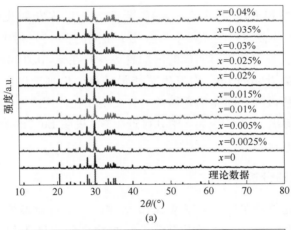

(a)

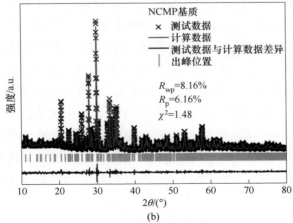

(b)

图 6-1 彩图

图 6-1　NCMP:xEu^{2+}，xLi$^+$（$0 \leqslant x \leqslant 0.04$）系列样品的
XRD 图（a）和 NCMP 基质的 Rietveld 精修图（b）

6.3　NCMP:Eu^{2+}荧光粉的光学特性

6.3.1　荧光光谱分析

　　图 6-2(a) 为 NCMP:xEu^{2+}, xLi$^+$ (0.0025 ≤ x ≤ 0.04) 系列荧光粉的激发和发射光谱。从激发光谱中可以明显看出，NCMP:Eu^{2+}荧光粉在 250 ~ 420nm 范围内具有非常宽的激发带，覆盖了 UV 和 n-UV 区域。激发可归因于 Eu^{2+} 的 4f→5d 电子跃迁。如此宽的激发带可以与各种 UV 和 n-UV LED 芯片相匹配，从而极大地扩展了应用范围。为了观察发射特性，图 6-2(a) 中显示了在 400nm 激发下测量的 NCMP:xEu^{2+}, xLi$^+$(0.0025 ≤ x ≤ 0.04) 系列荧光粉的发射光谱。在 420 ~ 600nm 范围内观察到 Eu^{2+} 的 4f$_6$5d$_1$→4f$_7$ 跃迁为不对称发射光谱，最大值约为 461nm。因此，可知在这些荧光粉中具有几个不同的 Eu^{2+} 发射中心。并且，随着 Eu^{2+}浓度的增加，发射强度有明显的增加趋势，并在 x = 0.02 处最大，然后发射强度降低，由于最近邻的 Eu^{2+} 内发生了能量转移，出现浓度猝灭现象。众所周知，共振能量转移机制在固体化合物中具有交换相互作用或电多极相互作用。从图 6-2(b) 可以得出，NCMP:Eu^{2+} 中 θ 接近于 6，表明 Eu^{2+} 的浓度猝灭机制为偶极-偶极相互作用。

6.3.2　热猝灭光谱分析

　　荧光粉的发光热稳定性是限制 WLEDs 应用的一个重要参数，白光 LED 的工作温度通常在 150℃ 左右，这就要求荧光粉在较高的温度下仍要保持较高的强度。热稳定性主要是指发光强度和颜色纯度稳定性两个方面，发光热稳定性最终影响光输出、器件使用寿命、显色指数等方面。图 6-3 为最佳浓度样品 NCMP:0.02Eu^{2+}, 0.02Li$^+$ 在 20 ~ 230℃ 范围内的随温度变化的 PL 谱。随着温度的升高，分子的热运动增强，非辐射跃迁概率增大。结果表明，随着温度的升高，光致发光强度降低。为了更直观地了解热淬灭行为，绘制了整个发射强度与温度的关系曲线，如图 6-3 的插图所示。可见，发射强度随着温度的升高而逐渐减小。当温度升高到 150℃ 时，发射强度降低到室温的 83%。由此可知，该材料具有较好的热稳定性。这也表明该荧光粉在高效 WLED 的应用中表现出巨大的潜力。

6.3.3　荧光衰减光谱和量子效率分析

　　图 6-4 为 NCMP:xEu^{2+}, xLi$^+$ (0.0025 ≤ x ≤ 0.04) 荧光粉的 PL 衰减曲线。

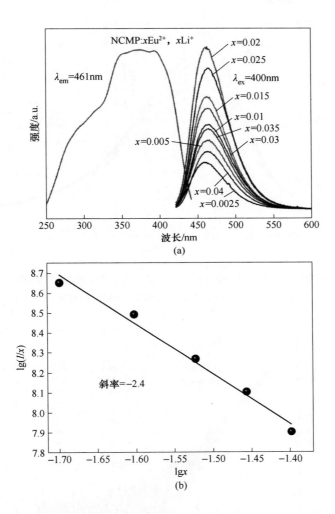

图 6-2 NCMP:xEu^{2+}，xLi$^+$（0.0025 ≤ x ≤ 0.04）系列荧光粉的激发和发射光谱（a）
和 NCMP:xEu^{2+}，xLi$^+$ 中 lg(I/x) 和 lg$x$ 的线性关系图（b）

从图 6-4 中可以看出，随着 Eu^{2+} 浓度的增加，在 400nm 激发下衰减曲线逐渐下降。经过指数拟合和计算后，具有不同 Eu^{2+} 含量的 NCMP:xEu^{2+}，xLi$^+$ 荧光粉的平均寿命分别为 868ns、836ns、808ns、807ns、806ns、803ns、797ns、793ns、787ns 和 777ns。Eu^{2+} 的平均寿命在纳秒范围是 Eu^{2+} 离子中 5d 能级跃迁的特征。正如预期的那样，随着 Eu^{2+} 含量的增加，衰减时间从 868ns 逐渐减小到 777ns。随着 Eu^{2+} 离子浓度的增加，Eu^{2+} 离子之间的距离变小，相近 Eu^{2+} 之间的非辐射增加。最终导致 Eu^{2+} 的衰减时间逐渐变小。

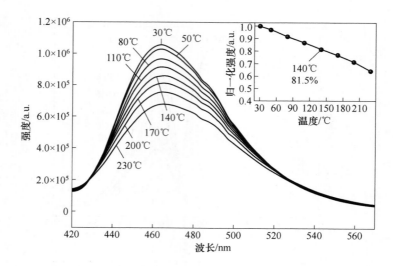

图 6-3   NCMP:0.02Eu^{2+}，0.02Li$^+$荧光粉的热猝灭光谱

（插图为 NCMP:0.02Eu^{2+}，0.02Li$^+$荧光粉的归一化发射强度随温度的变化趋势）

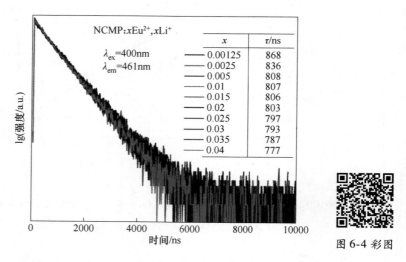

图 6-4   NCMP:xEu^{2+}，xLi$^+$(0.0025$\leqslant x \leqslant$0.04) 荧光粉的衰减曲线

　　荧光粉的内部量子效率（IQE）是衡量其应用潜力的另一个关键参数，其样品的 IQE 可以通过以下公式进行计算：

$$\eta = \frac{\int L_S}{\int E_R - \int E_S} \times 100\% \qquad (6\text{-}1)$$

式中，η 为 IQE；L_S 为样品的发射光谱；E_S 和 E_R 分别为有无样品的激发谱。如图 6-5 所示，NCMP：0.02Eu^{2+}，0.02Li$^+$ 荧光粉的 IQE 值为 93.4%。结果表明，该荧光粉具有高量子效率，具有应用于高效 WLED 的潜力。

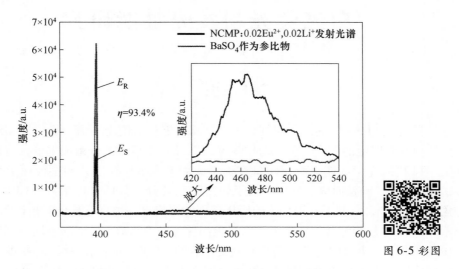

图 6-5 彩图

图 6-5　NCMP：0.02Eu^{2+}，0.02Li$^+$ 荧光粉的内部量子效率图

6.4　小　　结

本章采用传统高温固相法制备了具有蓝光发射的 NCMP：Eu^{2+}，Li$^+$ 荧光粉和颜色可调的 NCMP：Eu^{2+}，Li$^+$，Mn^{2+} 荧光粉。通过 XRD 分析可知，掺杂并不会引起杂质相的产生，同时通过 XRD 精修说明 NCMP 晶体结构为单斜晶系，$C2/c$ 空间群。激发光谱表明，该荧光粉可以被 UV 和 n-UV 有效地激发，可以很好地匹配现有的商用 LED 芯片。从发射光谱可以看出，发射强度随着 Eu^{2+} 浓度的增加而呈现出先增加后减小的趋势，并且在 $x = 0.02$ 时趋于最强，确定该点为浓度猝灭点，且浓度猝灭是由 Eu^{2+}-Eu^{2+} 之间的偶极-偶极相互作用所造成的。通过测试该荧光粉的热稳定性和 IQE 发现，其具有较高的热稳定性和内部量子效率，有可能应用在高效大功率 LED 器件领域。

7 Eu^{2+}掺杂白磷钙矿结构单一基质白光荧光粉发光性能研究

7.1 引　言

目前，WLED 因其比白炽灯和荧光灯具有更长的使用寿命、稳定性和环境友好性而受到广泛的关注。荧光粉作为 WLED 器件不可或缺的组成部分，将直接决定 WLED 的光学性能。商业 WLED 通常采用蓝色 InGaN 芯片涂覆商业黄色荧光粉 YAG:Ce^{3+} 制备而成。然而，由于缺乏红色成分，其低显色指数（CRI）和高色温（CCT），限制了其进一步的应用。因此提出了一种将三基色荧光粉和（近）紫外 LED 芯片相结合的替代方案来提供高质量的 WLED。较宽的色域和可调节的显色指数是其突出的优点，但长时间工作后的重吸收和颜色漂移，需要进一步去发掘优异的方法和技术来制备 WLED。迄今为止，大量的单一基质白光荧光粉在稀土离子或过渡金属离子之间的能量传递方面得到了广泛的研究，但能量传递损失是目前存在的最大问题。此外，由于非同步热降解造成的全光谱缺陷和颜色漂移导致的 CRI 不稳定是另一个问题。因此，提出了一种方法，即单激活剂掺杂的单一基质白光发射荧光粉，这是一种有前途的 WLED 合成方法。该方法成功的关键在于筛选出适合的激活剂和基质。

在所有的稀土激活剂和过渡金属离子中，Eu^{2+} 离子通常可以表现出宽的吸收和可调节的发射颜色，这是基于暴露的 d 轨道对配位环境和晶体结构的敏感性。因此，为了获得全光谱白色发光荧光粉，选择可以提供丰富的晶体学格位的基质是重中之重。在这项研究中，选取具有多个晶体学格位和多配位环境的 β-Ca$_3$(PO$_4$)$_2$ 型化合物作为目标基质材料。

Eu^{2+} 离子掺杂的 β-Ca$_3$(PO$_4$)$_2$ 化合物被认为是 WLED 潜在的单一基质荧光粉。到目前为止，虽然科学界对 β-Ca$_3$(PO$_4$)$_2$ 型荧光粉的发光性能进行了广泛的研究，但仍存在以下不足：（1）Eu^{2+} 激活荧光粉的量子效率有待进一步优化；（2）各发光中心的热稳定性不同会导致强烈的颜色漂移；（3）通过单一 Eu^{2+} 离子掺杂 β-Ca$_3$(PO$_4$)$_2$ 荧光粉，尚未获得全光谱白光发射。

为了克服上述困难，设计了一种新型的单一基质全光谱白光发射 Ca$_{19}$MgNa$_2$(PO$_4$)$_{14}$:Eu^{2+} 荧光粉，该荧光粉可以被（近）紫外光有效激发，发射光谱可以覆盖所有可见光范围，同时书中内容系统地研究了 Eu^{2+} 的相纯度和选择占位情况。最后，将 365nm 紫外 LED 芯片与 $Ca_{19}MgNa_2(PO_4)_{14}:0.75\% Eu^{2+}$ 荧光粉复合封装成 WLED 器件，其可以呈现较低的色温和优异的 CIE 色坐标。

7.2 结果与讨论

7.2.1 物相纯度和晶体结构表征

图 7-1（a）为 $Ca_{19}MgNa_2(PO_4)_{14}:xEu^{2+}$（$0.1\% \leqslant x \leqslant 1.0\%$）荧光粉与 $Ca_{19}Cu_2(PO_4)_{14}$（PDF#86-2498）标准卡片对比的 XRD 图谱。显然，所有样品与 $Ca_{19}Cu_2(PO_4)_{14}$ 的衍射峰完全一致，表明样品为纯相，掺杂 Eu^{2+} 离子对晶体结构影响较小。为了获得 $Ca_{19}MgNa_2(PO_4)_{14}$ 基质的详细晶体结构信息，采用图 7-1（b）所示的 $Ca_{19}Cu_2(PO_4)_{14}$ 标准卡片对 $Ca_{19}MgNa_2(PO_4)_{14}$ 样品进行了 Rietveld 精修。表 7-1 为 $Ca_{19}MgNa_2(PO_4)_{14}$ 的精修结果，结果说明样品为具有 $R3c$ 空间群的三方晶系结构。晶格常数为 $a = b = 10.3615(8) \times 10^{-10}$m，$c = 37.1527(4) \times 10^{-10}$m，$V = 3454.38(5) \times 10^{-30}$m^3，剩余因子 $R_{wp} = 10.30\%$，$R_p = 7.70\%$。

表 7-1 $Ca_{19}MgNa_2(PO_4)_{14}$样品的 Rietveld 精修结果

化学式	$Ca_{19}MgNa_2(PO_4)_{14}$
晶系	三方晶系
空间群	$R3c$
晶胞参数	$a = b = 10.3615(8) \times 10^{-10}$m, $c = 37.1527(4) \times 10^{-10}$m
	$\alpha = \beta = 90°$, $\gamma = 120°$
	$V = 3454.38(5) \times 10^{-30}$m^3
	$Z = 6$
剩余因子	$R_{wp} = 10.30\%$, $R_p = 7.70\%$, $\chi^2 = 1.28$

根据 Rietveld 精修结果，$Ca_{19}MgNa_2(PO_4)_{14}$ 的晶体结构如图 7-2 所示。根据文献调研的结果显示，$Ca_{19}MgNa_2(PO_4)_{14}$ 的晶体结构形成了 5 个晶体学环境完全不同的阳离子格位，较大的 Na^+ 和较小的 Mg^{2+} 占据了 Ca4 和 Ca5 格位，而不是 Ca1、Ca2 和 Ca3 格位。表 7-1 中的精修数据表明，Ca1、Ca2 和 Ca3 位完全被 Ca^{2+} 离子占据，Ca4 位完全被 Na^+ 离子占据。此外，Ca5 位置同时被 Ca^{2+} 和 Mg^{2+} 离子占据，而不是根据以前的报道完全被 Mg^{2+} 取代。三个 Ca^{2+} 格位分别与 8，8 和 9 个 O^{2-} 离子配位，形成畸变的多面体，具体键长见表 7-2。Na 和 Mg 原子均为 6 配位，键长不同，形成畸变的八面体。为了进一步探究 Eu^{2+} 的格位畸

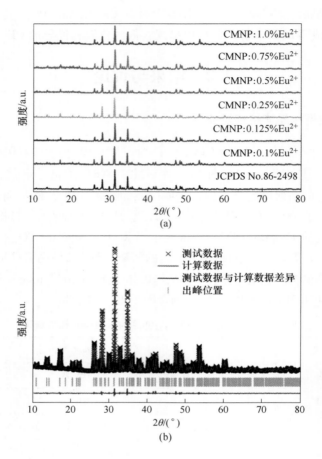

(a)

图7-1 彩图

(b)

图 7-1　$Ca_{19}MgNa_2(PO_4)_{14}:xEu^{2+}$（$0.1\% \leqslant x \leqslant 1.0\%$）的 XRD 图谱（a）

和 $Ca_{19}MgNa_2(PO_4)_{14}$ 样品的精修结果（b）

变，考察 Eu^{2+} 的选择性占据情况对发光性能的影响，以 Davolos 提出的理论为例计算半径差百分比，研究表明半径差百分比偏差应小于 30%。

$$D_r = 100 \times \frac{R_m(CN) - R_d(CN)}{R_m(CN)} \tag{7-1}$$

式中，$R_m(CN)$ 为阳离子半径；$R_d(CN)$ 为取代稀土离子半径。根据 Eu^{2+}，Ca^{2+}，Mg^{2+} 和 Na^+ 离子的配位数，Ca^{2+} 离子的半径分别为 1.12×10^{-10} m（$CN=8$）和 1.18×10^{-10} m（$CN=9$）；Na^+ 离子的半径为 1.02×10^{-10} m（$CN=6$）；Mg^{2+} 离子的半径为 0.72×10^{-10} m（$CN=6$），Eu^{2+} 离子的半径分别为 1.25×10^{-10} m（$CN=8$）和 1.30×10^{-10} m（$CN=9$）。Eu^{2+} 与 Ca1、Ca2、Ca3、Na 和 Mg 之间的半径差百分比分别为 13.2%、11.6%、11.6%、14.7% 和 62.5%。因此，我们发现 Eu^{2+}

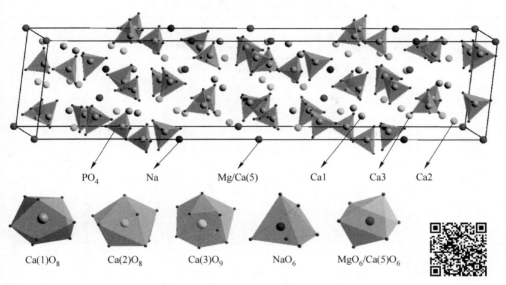

图 7-2 Ca$_{19}$MgNa$_2$(PO$_4$)$_{14}$样品的晶体结构图   图 7-2 彩图

表 7-2 Ca$_{19}$MgNa$_2$(PO$_4$)$_{14}$荧光粉的键长信息 （m）

	键　长		键　长		键　长
Ca1—O2	2.49187×10^{-10}(2)	Ca2—O2	2.32159×10^{-10}(2)	Ca3—O1	2.50074×10^{-10}(2)
Ca1—O4	2.84737×10^{-10}(2)	Ca2—O3	2.55523×10^{-10}(2)	Ca3—O2	2.92806×10^{-10}(3)
Ca1—O5	2.59039×10^{-10}(2)	Ca2—O4	2.57033×10^{-10}(2)	Ca3—O3	2.61014×10^{-10}(2)
Ca1—O6	2.47999×10^{-10}(2)	Ca2—O5	2.26849×10^{-10}(2)	Ca3—O4	2.53459×10^{-10}(2)
Ca1—O6	2.58974×10^{-10}(2)	Ca2—O7	2.51225×10^{-10}(2)	Ca3—O5	2.56475×10^{-10}(2)
Ca1—O7	2.40083×10^{-10}(2)	Ca2—O8	2.95453×10^{-10}(2)	Ca3—O7	2.48065×10^{-10}(2)
Ca1—O8	2.32551×10^{-10}(2)	Ca2—O9	2.35731×10^{-10}(2)	Ca3—O8	2.50460×10^{-10}(2)
Ca1—O10	2.46942×10^{-10}(3)	Ca2—O9	2.43933×10^{-10}(2)	Ca3—O10	2.57050×10^{-10}(2)
				Ca3—O10	2.43496×10^{-10}(2)

更倾向于占据 Ca^{2+}和 Na$^+$格位，而 Mg^{2+}格位由于半径差百分比较大（62.5% >
30%）而很少被占据。根据 Ca$_{19}$MgNa$_2$(PO$_4$)$_{14}$详细的精修结构信息，平均键长分
别为：$d_{\mathrm{Aver(Ca1-O)}} = 2.5244 \times 10^{-10}$ m，$d_{\mathrm{Aver(Ca2-O)}} = 2.4974 \times 10^{-10}$ m，$d_{\mathrm{Aver(Ca3-O)}} =$
2.5699×10^{-10} m，$d_{\mathrm{Aver(Na-O)}} = 2.6745 \times 10^{-10}$ m，$d_{\mathrm{Aver(Mg-O)}} = 2.2196 \times 10^{-10}$ m。考
虑到 Mg^{2+}和 Eu^{2+}离子半径偏差较大，假设 Eu^{2+}将随机占据所有 Ca^{2+}和 Na$^+$格
位，这将有助于光致发光性能的分析。表 7-3 为 Ca$_{19}$MgNa$_2$(PO$_4$)$_{14}$样品的晶格参数
和原子位置。

表 7-3　$Ca_{19}MgNa_2(PO_4)_{14}$ 样品的晶格参数和原子位置

原子	x	y	z	温度因子	占位率	Wyckoff 位点
Ca1	0.7263(5)	0.8585(2)	0.4289(2)	0.0155(2)	1	18b
Ca2	0.6182(4)	0.8193(7)	0.2285(6)	0.0139(4)	1	18b
Ca3	0.1185(4)	0.2667(7)	0.3229(4)	0.0202(1)	1	18b
Mg1	0	0	0.0061(7)	0.0511(2)	0.5	6a
Na1	0	0	0.1818(1)	0.0391(4)	1	6a
Ca5	0	0	0.0019(7)	0.0234(8)	0.5	6a
P1	0	0	0.2609(5)	0.0225(2)	1	6a
P2	0.6892(2)	0.8613(2)	0.1294(2)	0.0093(4)	1	18b
P3	0.6532(4)	0.8502(5)	0.0258(4)	0.0419(2)	1	18b
O1	0	0	0.3039(1)	0.0431(1)	1	6a
O2	0.0157(7)	0.8665(4)	0.2523(5)	0.0034(3)	1	18b
O3	0.7504(4)	0.9214(6)	0.1684(8)	0.0037(4)	1	18b
O4	0.7530(2)	0.7706(6)	0.1206(1)	0.0119(7)	1	18b
O5	0.7342(5)	0.0071(7)	0.1067(7)	0.0224(6)	1	18b
O6	0.5439(2)	0.7818(6)	0.1280(8)	0.0035(4)	1	18b
O7	0.6087(5)	0.9619(5)	0.0428(1)	0.0342(6)	1	18b
O8	0.5585(6)	0.6965(4)	0.0467(4)	0.0209(2)	1	18b
O9	0.8365(2)	0.9284(4)	0.03773(4)	0.0103(7)	1	18b
O10	0.6224(1)	0.8194(2)	0.9904(2)	0.0105(4)	1	18b

图 7-3（a）为 $Ca_{19}MgNa_2(PO_4)_{14}:0.75\% Eu^{2+}$ 样品的扫描电镜图，所制备的样品呈现大颗粒、不规则片状形貌，这可能与高温烧结有关。如图 7-3（b）所示，为了进一步了解该样品在 WLED 中的应用，测试了其粒径分布。结果表明，$Ca_{19}MgNa_2(PO_4)_{14}:0.75\% Eu^{2+}$ 的平均粒径约为 5.57μm，满足 WLED 的要求。如图 7-3（c）所示，EDS 图谱中 Ca、Mg、Na、P、O 和 Eu 元素的存在进一步说明 Eu^{2+} 离子成功掺杂到 $Ca_{19}MgNa_2(PO_4)_{14}$ 基质中。$Ca_{19}MgNa_2(PO_4)_{14}$ 和 $Ca_{19}MgNa_2(PO_4)_{14}:$ Eu^{2+} 荧光粉的漫反射光谱显示在图 7-3（d）中，在 200～250nm 范围内都可以发现来自 $Ca_{19}MgNa_2(PO_4)_{14}$ 基质的强吸收峰。此外，$Ca_{19}MgNa_2(PO_4)_{14}:0.75\%$ Eu^{2+} 荧光粉还存在一个覆盖 250～520nm 的强吸收带，该吸收带源于 Eu^{2+} 离子的 4f→5d 吸收。

7.2.2　$Ca_{19}MgNa_2(PO_4)_{14}:Eu^{2+}$ 荧光粉的光致发光性能

$Ca_{19}MgNa_2(PO_4)_{14}:xEu^{2+}$（$0.1\% \leqslant x \leqslant 1.0\%$）的激发和发射光谱分别如

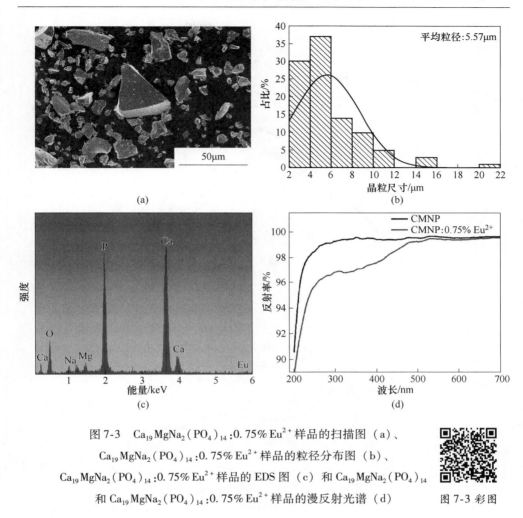

图 7-3 $Ca_{19}MgNa_2(PO_4)_{14}$:0.75% Eu^{2+} 样品的扫描图（a）、
$Ca_{19}MgNa_2(PO_4)_{14}$:0.75% Eu^{2+} 样品的粒径分布图（b）、
$Ca_{19}MgNa_2(PO_4)_{14}$:0.75% Eu^{2+} 样品的 EDS 图（c）和 $Ca_{19}MgNa_2(PO_4)_{14}$
和 $Ca_{19}MgNa_2(PO_4)_{14}$:0.75% Eu^{2+} 样品的漫反射光谱（d）

图 7-3 彩图

图 7-4(a) 和(b)所示。$Ca_{19}MgNa_2(PO_4)_{14}$:Eu^{2+} 的激发带可以很好地对应于漫反射光谱，最强的激发峰在 362nm 处，可以与（近）紫外芯片很好地匹配，表明其在 WLED 中应用的可行性。$Ca_{19}MgNa_2(PO_4)_{14}$:xEu^{2+}（0.1% ≤ x ≤ 1.0%）的发射谱覆盖了所有可见光范围，其中 x = 0.75% 的发光强度最高，最佳量子效率可达 39.6%。

众所周知，$Ca_{19}MgNa_2(PO_4)_{14}$基质中存在 5 个 Eu^{2+} 占据的阳离子格位，但正如前面所讨论的，由于 Eu^{2+}（1.17×10^{-10}m）和 Mg^{2+}（0.86×10^{-10}m）之间的离子尺寸差异较大，Mg^{2+} 离子不能被 Eu^{2+} 离子取代。因此，为了证明 Eu^{2+} 离子占据的格位，对 $Ca_{19}MgNa_2(PO_4)_{14}$:0.75% Eu^{2+} 的发射光谱进行高斯拟合，图 7-5 中 4 个高斯带的主峰分别位于 408nm、463nm、530nm 和 649nm。基于

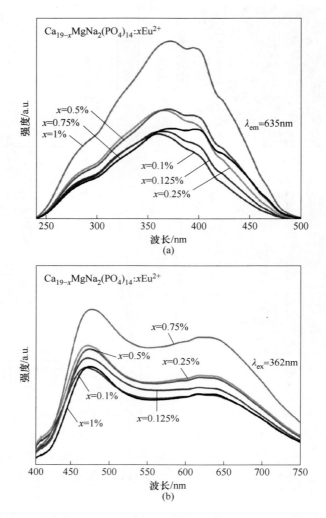

图 7-4 $Ca_{19-x}MgNa_2(PO_4)_{14}:xEu^{2+}$（0.1% ≤ x ≤ 1.0%）样品的激发和发射光谱

（a）激发光谱；（b）发射光谱

对 $Ca_{10}Na(PO_4)_7:Eu^{2+}$、$Ca_{10}Li(PO_4)_7:Eu^{2+}$ 和 $Sr_{18}Mg_3(PO_4)_{14}:Eu^{2+}$ 体系的研究，$Ca_{19}MgNa_2(PO_4)_{14}:0.75\%Eu^{2+}$ 样品在 649nm 处的发射峰可归因于 Eu^{2+} 离子对 Na^+ 的取代。另外 3 个能量较高的发射峰可归属于 Ca（1）、Ca（2）和 Ca（3）格位的 Eu^{2+} 发光中心。尽管如此，Eu^{2+} 在不同 Ca 格位上的不确定占据促使我们通过 Van Uitert 提出的经验公式进一步区分所选择的占位：

$$E = Q\left[1 - \left(\frac{V}{4}\right)^{\frac{1}{V}} 10^{-nE_a r/80}\right] \tag{7-2}$$

式中，n 为 Eu^{2+} 离子周围的氧配位数；Q 为能量常数，$Q = 34000cm^{-1}$；V 为 Eu^{2+} 离子（$V = 2$）的价态；E_a 为原子的电子亲和能；r 为阳离子半径；E 为不同 Eu^{2+} 发光中心的最高峰波数。根据常数和定值，确定 E 与 n 和 r 呈正比关系。进一步结合高斯拟合结果以及 r 和 n（1.25×10^{-10} m（Ca(1)）（CN = 8），1.25×10^{-10} m（Ca(2)）（CN = 8），1.30×10^{-10} m（Ca(3)）（CN = 9））的值，中心位于 408nm 的发射峰可以归属于占据 Ca(3) 格位的 Eu^{2+} 离子。一般而言，Ca^{2+} 离子周围的不对称性与平均 Ca—O 键长有直接关系，较短的 Ca—O 键长会增加不对称掺杂位置的几何形状和斯托克斯位移，从而导致低能量的发射。因此，根据表 7-4，位于 463nm 和 530nm 的另外两个发光中心可以归因于 Eu^{2+} 离子分别进入具有 8 配位的 Ca(1) 和 Ca(2) 格位。

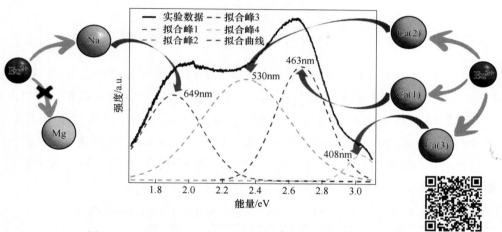

图 7-5　$Ca_{19}MgNa_2(PO_4)_{14}$: 0.75% Eu^{2+} 的发射峰的高斯拟合图

图 7-5 彩图

表 7-4　$Ca_{19}MgNa_2(PO_4)_{14}$ 荧光粉的原子间键长　　　　　　　　　　（m）

键　　长		键　　长		键　　长	
Ca1—O2	2.49187×10^{-10} (2)	Ca2—O2	2.32159×10^{-10} (2)	Ca3—O1	2.50074×10^{-10} (2)
Ca1—O4	2.84737×10^{-10} (2)	Ca2—O3	2.55523×10^{-10} (2)	Ca3—O2	2.92806×10^{-10} (3)
Ca1—O5	2.59039×10^{-10} (2)	Ca2—O4	2.57033×10^{-10} (2)	Ca3—O3	2.61014×10^{-10} (2)
Ca1—O6	2.47999×10^{-10} (2)	Ca2—O5	2.26849×10^{-10} (2)	Ca3—O4	2.53459×10^{-10} (2)
Ca1—O6	2.58974×10^{-10} (2)	Ca2—O7	2.51225×10^{-10} (2)	Ca3—O5	2.56475×10^{-10} (2)
Ca1—O7	2.40083×10^{-10} (2)	Ca2—O8	2.95453×10^{-10} (2)	Ca3—O7	2.48065×10^{-10} (2)
Ca1—O8	2.32551×10^{-10} (2)	Ca2—O9	2.35731×10^{-10} (2)	Ca3—O8	2.50460×10^{-10} (2)
Ca1—O10	2.46942×10^{-10} (3)	Ca2—O9	2.43933×10^{-10} (2)	Ca3—O10	2.57050×10^{-10} (2)
				Ca3—O10	2.43496×10^{-10} (2)

在 362nm 激发和 635nm 发射监控下，$Ca_{19}MgNa_2(PO_4)_{14}:xEu^{2+}$ 的衰减曲线如图 7-6（a）所示。所有的衰减曲线都可以拟合为三指数方程：

$$I(t) = A_1 \exp\left(-\frac{t}{\tau_1}\right) + A_2 \exp\left(-\frac{t}{\tau_2}\right) + A_3 \exp\left(-\frac{t}{\tau_3}\right) \tag{7-3}$$

式中，τ 为寿命；A 为常数；I 为发射强度。根据方程，拟合结果列于表 7-5 中，其中寿命随着掺杂 Eu^{2+} 离子的增加而减小，从而证明发生了能量传递，三指数拟合方程进一步表明 $Ca_{19}MgNa_2(PO_4)_{14}:Eu^{2+}$ 荧光粉中存在多个发光中心。为了进一步理解 $Ca_{19}MgNa_2(PO_4)_{14}:xEu^{2+}$ 中的能量传递机制，采用 Blasse 和 Van Uitert 方程：

$$R_c \approx 2\left(\frac{3V}{4\pi x_c Z}\right)^{1/3} \tag{7-4}$$

$$\frac{I}{X} = K\left[1 + \beta(x)^{\theta/3}\right]^{-1} \tag{7-5}$$

式中，$V = 3454.38 \times 10^{-30} m^3$，$x_c = 0.1425$，$Z = 6$。计算得到临界距离 R_c 为 $19.76 \times 10^{-10} m$，远大于 $5 \times 10^{-10} m$。因此，浓度猝灭过程将由电多极相互作用主导。为了确定离子间的相互作用机制，计算了 $Ca_{19}MgNa_2(PO_4)_{14}:xEu^{2+}$ 的 $\lg(I/x)/\lg x$ 的线性拟合，如图 7-6（b）所示。$\lg(I/x)$ 对 $\lg x$ 的依赖性可以拟合为一条直线，斜率为 $2.421(\theta/3)$。因此，偶极-四极相互作用将主导 Eu^{2+} 离子间的浓度猝灭过程。

表 7-5　$Ca_{19}MgNa_2(PO_4)_{14}:xEu^{2+}$ 的发射衰减曲线拟合结果及平均寿命

Eu^{2+} 浓度/%	A_1	τ_1/ns	A_2	τ_2/ns	A_3	τ_3/ns	t/ns
0.1	959.23	69.24	1189.66	395.41	696.63	1049.54	755
0.125	985.32	105.04	1131.51	455.40	564.18	1088.25	741
0.25	1192.80	86.37	1169.90	450.58	609.23	1050.19	723
0.5	1220.77	49.03	1256.64	337.09	551.23	964.07	648
0.75	1273.37	62.78	1192.58	327.54	526.40	919.34	605
1	1485.46	58.46	1170.92	320.51	369.21	895.14	531

7.2.3　热稳定性和制造的 WLED 器件

$Ca_{19}MgNa_2(PO_4)_{14}:Eu^{2+}$ 荧光粉在工作温度下的发射稳定性对其在光学领域的潜在应用非常重要，为了评估其随温度变化的发射行为，测试了其随温度变化

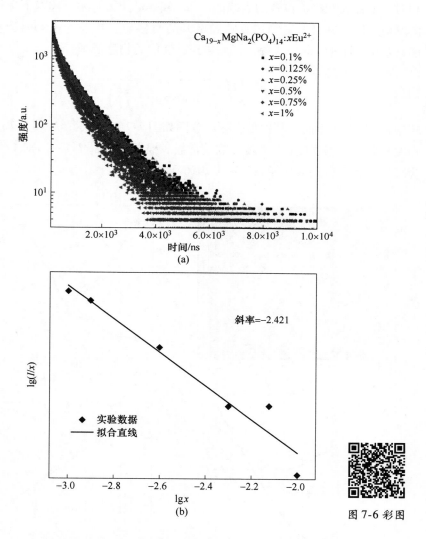

图 7-6 $Ca_{19-x}MgNa_2(PO_4)_{14}:xEu^{2+}$ （$0.1\% \leqslant x \leqslant 1.0\%$） 在 362nm 激发、
635nm 监测下的衰减曲线 （a） 和 $Ca_{19}MgNa_2(PO_4)_{14}:xEu^{2+}$
荧光粉 $\lg(I/x)$ 对 $\lg x$ 的线性拟合结果 （b）

图 7-6 彩图

的发射光谱，如图 7-7（a）所示。$Ca_{19}MgNa_2(PO_4)_{14}:0.75\%Eu^{2+}$ 荧光粉的热稳定性一般，在 140℃时的发光强度与室温相比损失了 50%，其发光强度优于大多数 $\beta\text{-}Ca_3(PO_4)_2$ 型荧光粉。此外，发射光谱随温度变化的等高线图也提供了一个有力的证据，因为受到温度的强烈影响，每个发光中心具有各自的猝灭程度，因此每个发射中心有不同的配位环境。图 7-7（b）为温度随 PL 变化的发射峰最大值的相对积分强度和峰值位置的点线图。Ca$_{19}$MgNa$_2$(PO$_4$)$_{14}$在110℃下保持42%的室温发射强度，并且发射峰位置随温度升高而移动。基于Arrhenius方程计算激活能（E_a），通过以下公式深入探究热猝灭性能的物理机理：

$$I(T) \approx \frac{I_0}{1 + c\exp\left(-\dfrac{\Delta E}{kT}\right)} \tag{7-6}$$

式中，ΔE为激活能，其构型坐标示意图如图7-7(c)所示；I_0和$I(T)$分别为初始强度和温度依赖强度；k为玻耳兹曼常数。根据$\ln[(I_0/I_T)-1]$对$1/kT$的线性拟合结果，计算得到活化能ΔE为0.2016eV。

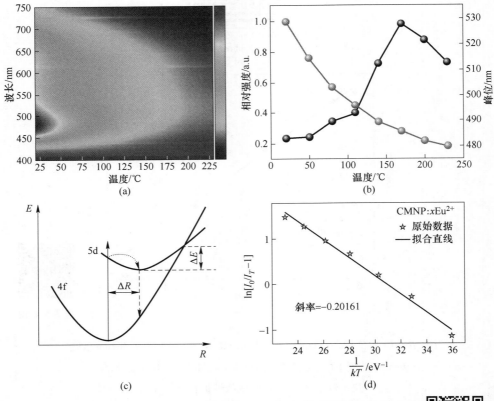

图7-7 Ca$_{19}$MgNa$_2$(PO$_4$)$_{14}$:0.75%Eu^{2+}热猝灭过程的
mapping光谱(a)、发射峰最大值和峰位的相对积分强度(b)、
Ca$_{19}$MgNa$_2$(PO$_4$)$_{14}$:0.75%Eu^{2+}荧光粉的热猝灭组态
配位图（c）和$\ln[(I_0/I_T)-1]$对$1/kT$作图（d）

图7-7 彩图

图7-8为在362nm激发下，Ca$_{19}$MgNa$_2$(PO$_4$)$_{14}$:xEu^{2+}（0.1%≤x≤1.0%）

的 CIE 色坐标图。显然，该系列样品的 CIE 色坐标均在标准白光色坐标（0.333，0.333）附近。随着 Eu^{2+} 浓度的增加，样品的色坐标从（0.284，0.310）向（0.308，0.346）移动，并且制备的 WLED 具有最佳的色温为 6643K。这表明 $Ca_{19}MgNa_2(PO_4)_{14}:Eu^{2+}$ 荧光粉具有作为单一基质白光荧光粉的潜力，该方法可以被认为是一种有前途的 WLED 合成方法。

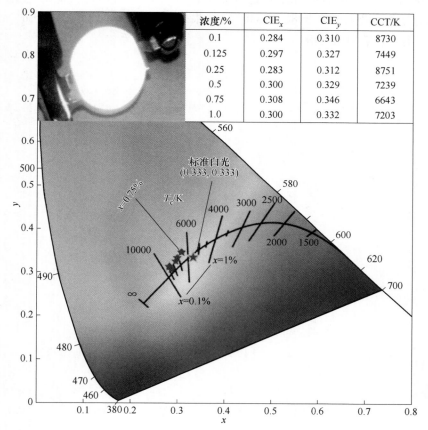

浓度/%	CIE$_x$	CIE$_y$	CCT/K
0.1	0.284	0.310	8730
0.125	0.297	0.327	7449
0.25	0.283	0.312	8751
0.5	0.300	0.329	7239
0.75	0.308	0.346	6643
1.0	0.300	0.332	7203

图 7-8 彩图

图 7-8　$Ca_{19}MgNa_2(PO_4)_{14}:xEu^{2+}$（$0.1\% \leqslant x \leqslant 1.0\%$）的
CIE 坐标和制备的 WLED 照片

7.3　小　　结

综上所述，在 β-$Ca_3(PO_4)_2$ 型结构的启发下，通过高温固相法成功制备了一种新型的单一基质白光发射荧光粉 $Ca_{19}MgNa_2(PO_4)_{14}:Eu^{2+}$。通过 XRD 图谱、

Rietveld 精修结果证明了荧光粉的相纯度和晶体结构。$Ca_{19}MgNa_2(PO_4)_{14}:Eu^{2+}$ 荧光粉可以很好地与 365nm 的紫外 LED 芯片匹配，并表现出覆盖 400~750nm 所有可见光范围的全光谱发射带，三个主峰分别位于 409nm、475nm 和 635nm。通过理论计算、Rietveld 精修结果和衰减曲线表征了 Eu^{2+} 离子在不同阳离子格位的选择性占据和发光性能之间的关系。此外，由 $Ca_{19}MgNa_2(PO_4)_{14}:Eu^{2+}$ 荧光粉和紫外 LED 芯片制备的 WLED 器件可以发射全光谱白光，并且其具有较低的色温 (6643K) 和合适的色坐标 (0.308，0.346)，结果表明 $Ca_{19}MgNa_2(PO_4)_{14}:Eu^{2+}$ 荧光粉具有应用于光学领域的潜力。

8 WLED 用 Eu^{2+} 掺杂硼酸盐 $KSr_4B_3O_9$ 黄色荧光粉发光性能研究

8.1 引 言

由掺杂激活剂和无机化合物组成的荧光粉已被广泛应用于固态照明领域。有针对性的晶体结构可以为稀土离子的占据提供合适的晶体场环境，进而获得优异的发光性能。到目前为止，为了获得高效的发光性能，人们做了很多努力，主要有以下几个方面：（1）通过筛选基质和结构调控获得长波长激发和发射光谱；（2）通过优化化学成分和合成条件获得高量子效率；（3）通过调整结构刚性和构建缺陷能级获得强热稳定性。在前面提到的发光优势中，获得长波长激发和发射光谱是最难克服的困难，因为在以前的报道中，具有合适激发和发射波长的体系是有限的。但是稀土离子 Eu^{2+} 通常被选作为高效和宽发射不可或缺的激活剂，并且 Eu^{2+} 离子由于 $4f^6 5d^1 \rightarrow 4f^7$ 跃迁的敏感性，其掺杂具有不同配位环境的荧光粉可以提供可调的颜色发射，从而在 WLED 中可以占据主导地位。

到目前为止，很少有 Eu^{2+} 离子激活的黄色发射荧光粉对蓝光（约 460nm）有强烈的响应。主要原因可以归结为 5d 能级质心位移的小幅下降和弱晶体场劈裂。例如，$Ca-\alpha-SiAlON : Eu^{2+}$ 和 $Sr_3SiO_5 : Eu^{2+}$ 是两种广为人知的黄色发光荧光粉，但其最大吸收峰位于近紫外区，不能与蓝色 LED 芯片相匹配，而且严格的制备条件也限制了其潜在应用。UCr_4C_4 基氧化物窄带荧光粉也是一种重要的 Eu^{2+} 激活的荧光粉，但是 UCr_4C_4 基氧化物荧光粉的烧结温度不能超过 1000℃。因此，为了降低成本，继续寻找低温合成条件下由蓝光激发的新型 Eu^{2+} 激活的黄色发射光学材料是一个巨大的挑战。

近年来，硼酸盐成为一种新兴的无机材料，可应用于光学、磁学和催化等领域。硼酸盐基质与稀土离子结合，因其简单的制备工艺和高亮度引起了科学家的极大关注，在 LED 照明装置和水体探测方面具有潜在的应用价值。在此，我们设计了一种 Eu^{2+} 掺杂的硼酸盐 $KSr_4B_3O_9$ 荧光粉，该荧光粉在 460nm 处有较强的吸收。在 460nm 激发下，荧光粉呈现明亮的黄光发射，峰值位于 560nm 左右。通过理论计算证明了优异的光学性能主要归因于较大的质心偏移和较强的晶体场劈裂。同时，详细研究了基质中 Eu²⁺ 离子的占据偏好性。最终通过封装获得的 WLED 器件有潜力应用于固态照明领域。

8.2   结果与讨论

8.2.1   结构分析和形貌表征

图 8-1(a) 为还原气氛和空气气氛下合成的 KSr₄B₃O₉、KSr₄B₃O₉ : xEu²⁺ (0.25% ≤ x ≤ 2.25%) 样品以及 KSr₄B₃O₉ 标准数据的 XRD 图谱[106]。XRD 图谱能很好地与 KSr₄B₃O₉ 的标准 XRD 卡片匹配，并且没有发现任何杂质，说明 Eu²⁺ 离子的掺入不会引起晶体结构的改变。为了进一步确定 KSr₄B₃O₉ 样品的相纯度和结构，采用 Zhao 等人报道的初始模型，利用 GSAS 软件对 KSr₄B₃O₉ 和 KSr₄B₃O₉ : 1.25% Eu²⁺ 样品进行了 Rietveld 精修。图 8-1(b) 为 KSr₄B₃O₉ 样品的 Rietveld 精修图，精修后的详细信息列于表 8-1 中，结果表明所得粉末晶体为具有 $Ama2$(No. 40) 空间群的正交结构。小的剩余因子（R_{wp}、R_p，R_p = 8.09%、8.02%，R_{wp} = 11.28%、10.90%，χ^2 = 1.345、1.337）表明样品形成了单相结构，可供进一步研究。根据精修结果，图 8-1(c) 给出了 KSr₄B₃O₉ 的空间结构，并重点描述了 Sr 和 K 原子的配位环境。面共享的 KO₈，SrO₈，SrO₉ 基团和解离的 BO₃ 三角形构建了一个刚性的三维结构，它提供了 K，Sr1，Sr2 和 Sr3 的四个晶体学阳离子格位，周围有 8，8，8 和 9 个氧原子。镜像对称的 Sr1、Sr2 和 Sr3 原子对称排列，形成一个环状结构，K 原子位于中心位置。为了进一步确定 Eu²⁺ 离子的占位偏好性，并为 KSr₄B₃O₉ : xEu²⁺ 的光致发光提供可靠的信息，可以采用 Davolos 提出的公式来确定半径百分比偏差：

$$D_r = \frac{R_m(CN) - R_d(CN)}{R_m(CN)} \times 100\% \tag{8-1}$$

式中，R_m(CN) 和 R_d(CN) 分别为阳离子半径和取代稀土离子半径。根据 Shannon 报道的有效离子半径，K⁺ 离子的有效离子半径为 1.51×10^{-10} m(CN = 8)；Sr²⁺ 离子的有效离子半径分别为 1.26×10^{-10} m(CN = 8) 和 1.31×10^{-10} m(CN = 9)；Eu²⁺ 离子的有效离子半径分别为 1.25×10^{-10} m(CN = 8) 和 1.30×10^{-10} m(CN = 9)。可以计算出 Eu²⁺ 与 K、Sr1、Sr2、Sr3 的半径百分比偏差分别近似为：20.8%、0.80%、0.80%、0.76%。考虑到 Eu²⁺ 和 K⁺ 离子之间的不同价态。可以推测，Eu²⁺ 掺杂更倾向于占据 Sr²⁺ 格位而不是 K⁺ 格位。

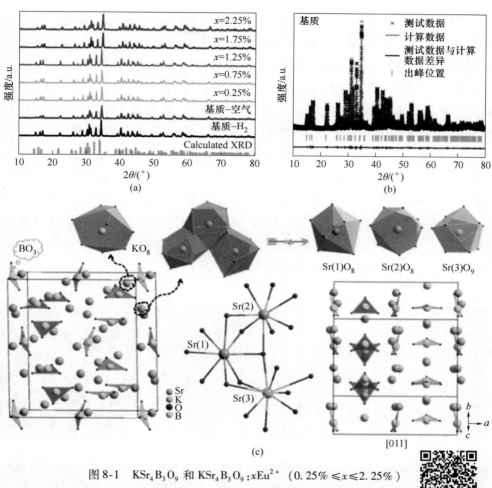

图 8-1 $KSr_4B_3O_9$ 和 $KSr_4B_3O_9:xEu^{2+}$（$0.25\% \leqslant x \leqslant 2.25\%$）
样品的 XRD 图（a）、$KSr_4B_3O_9$ 样品的 Rietveld 精修图（b）和
$KSr_4B_3O_9$ 基质的晶体结构和阳离子周围的配位环境（c）

图 8-1 彩图

表 8-1　$KSr_4B_3O_9$ 和 $KSr_4B_3O_9:Eu^{2+}$ 样品的 Rietveld 精修结果

化学式	$KSr_4B_3O_9$	$KSr_4B_3O_9:Eu^{2+}$
晶系	正交	正交
空间群	$Ama2$	$Ama2$
晶胞参数	$a=11.0373 \times 10^{-10}$ m（6），$b=11.9857 \times 10^{-10}$ m（1），$c=6.8821 \times 10^{-10}$ m（3）	$a=11.0568 \times 10^{-10}$ m（31），$b=12.0119 \times 10^{-10}$ m（4），$c=6.9001 \times 10^{-10}$ m（27）
	$\alpha=\beta=\gamma=90°$	$\alpha=\beta=\gamma=90°$
	$V=910.44 \times 10^{-30}$ m^3（2）	$V=916.436 \times 10^{-30}$ m^3（35）
	$Z=4$	$Z=4$
剩余因子	$R_{wp}=11.28\%$，$R_p=8.09\%$，$\chi^2=1.345$	$R_{wp}=10.90\%$，$R_p=8.02\%$，$\chi^2=1.337$

图 8-2 所示为 $KSr_4B_3O_9$ 样品的形貌特征、微观结构和元素分布。可以看出，颗粒形貌呈现团聚的片状，颗粒尺寸不均匀，颗粒平均粒径为 $1.47\mu m$。在粒径方面，这种微米级的颗粒符合 WLED 对荧光粉的要求。为了研究 $KSr_4B_3O_9$ 样品的微观结构，图 8-2（c）和（d）中测量并展示了 $KSr_4B_3O_9$ 的 HR-TEM 晶格条纹和多晶衍射环形图。在（131）晶面和（202）晶面上可以得到间隔为 $0.35nm$ 和 $0.29nm$ 的晶格条纹，与标准晶面间距相近。同时，（131）和（202）之间的界面角非常接近理论值 $55.6°$。晶粒的选区电子衍射产生同心圆环表明区域多晶的形成。同心圆环由内向外可分别归属于（122）、（331）、（402）和（353）晶面。图 8-2（e）的 EDS mapping 图像进一步揭示了 $KSr_4B_3O_9:Eu^{2+}$ 样品中 Sr、B、K、O 和 Eu 元素的均匀分布。根据上述研究结果，$KSr_4B_3O_9:Eu^{2+}$ 样品可以通过形成相纯度、微米级尺寸和 Eu^{2+} 离子的良好分布来证实其具有优异的光学性能。

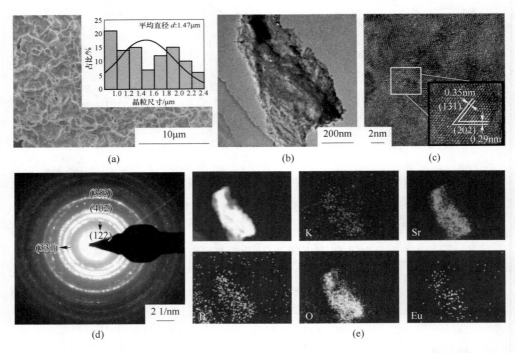

图 8-2　$KSr_4B_3O_9$ 的显微图谱

（a）$KSr_4B_3O_9$ 样品的扫描图及粒径分布图；（b）透射电子显微镜图；
（c）高分辨透射电子显微镜图像；（d）$KSr_4B_3O_9$ 样品的多晶衍射
环形图；（e）$KSr_4B_3O_9:Eu^{2+}$ 样品的元素映射图

图 8-2 彩图

8.2.2 KSr₄B₃O₉ 的电子能带结构

为了对荧光发射光谱进行深入研究，探究稀土离子掺杂对带隙的影响，对 $KSr_4B_3O_9$ 和 $KSr_4B_3O_9:1.25\%\,Eu^{2+}$ 样品进行了反射光谱测试。如图 8-3(a) 所示，$220\sim300nm$ 区域的吸收带可以归因为基质吸收，在 $KSr_4B_3O_9:1.25\%\,Eu^{2+}$ 样品中出现的从 $360\sim500nm$ 区域的独特强吸收带，归因于 Eu^{2+} 的 $4f^7 \rightarrow 4f^65d$ 跃迁。为了进一步确定吸收边缘，采用 Kubelka-Munk 吸收系数（K/S）关系：

$$[F(R_\infty)h\nu]^n = A(h\nu - E_g) \tag{8-2}$$

式中，A 为比例常数；$h\nu$ 为光子能量。吸收系数与反射系数的比值确定为 $F(R_\infty)$。根据公式（8-2），确定其光学带隙约为 3.91eV，如图 8-3(b) 所示。同时，通过第一性原理计算了电子结构和态密度。从图 8-3(c) 中可以明显看

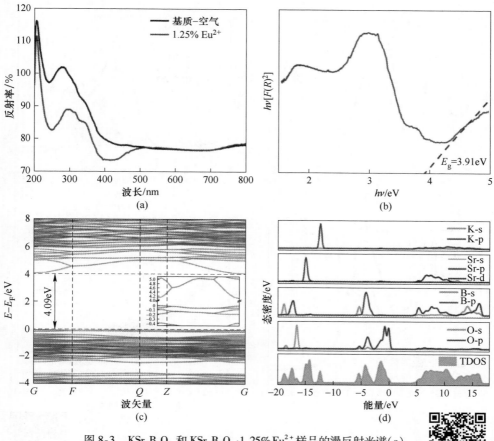

图 8-3　$KSr_4B_3O_9$ 和 $KSr_4B_3O_9:1.25\%\,Eu^{2+}$ 样品的漫反射光谱(a)、吸收系数与光子能量的关系（b）、$KSr_4B_3O_9$ 能带结构图（c）和 $KSr_4B_3O_9$ 的总态密度和分态密度图（d）

图 8-3 彩图

出，导带底（CB）和价带顶（VB）位于同一个高对称点 G。结果表明，KSr$_4$B$_3$O$_9$ 的直接带隙为 4.09eV，与实验测得的光学带隙相近。图 8-3(d) 为 K，Sr，B 和 O 元素在 $-20 \sim 15$eV 范围内的总态密度和分态密度，可以进行详细的能带结构描述。显然，CB 的组成确定为 K-3p、Sr-4p、B-2s2p 和 O-2s2p 态，填充带的顶部以 O-2p 态为主。VB 以 Sr-3d 和 B-2p 态为主，底部由 B-2p 态构成。结果表明，其具有适合稀土离子掺杂的带隙宽度。

8.2.3   KSr$_4$B$_3$O$_9$ 基质的发光性质

在硼酸盐材料中，由于高温烧结过程，氧空位是晶体内部捕获和释放电子的主要缺陷能级。因此，KSr$_4$B$_3$O$_9$ 基质在还原气氛和空气中烧结的激发和发射光谱对比显示在图 8-4(a) 中。当在还原气氛下烧结时，无法检测到光致发光性

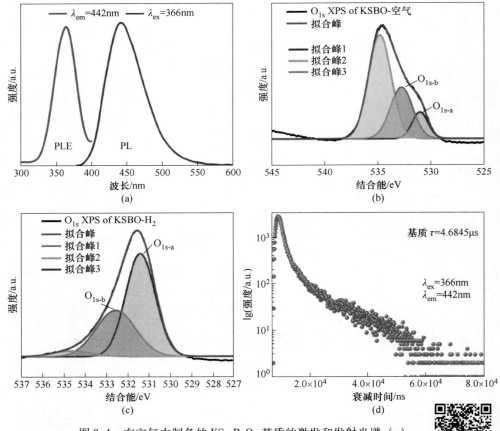

图 8-4   在空气中制备的 KSr$_4$B$_3$O$_9$ 基质的激发和发射光谱（a）、KSr$_4$B$_3$O$_9$ 基质在空气和 H$_2$ 气氛下烧结的 XPSO$_{1s}$ 电子能谱（b）（c）和 KSr$_4$B$_3$O$_9$ 基质在 366nm 处激发，在 442nm 处监测下的衰减曲线（d）

图 8-4 彩图

能。相反，在空气气氛下烧结的 $KSr_4B_3O_9$ 基质可以表现出优异的蓝光发射。从图中可以看出，在 366nm 激发下，发射光谱的波长范围为 380~580nm，最大峰值为 442nm。在 442nm 处监测到的激发光谱为 300~400nm 的宽带。基于在空气和还原性气氛中的发光性能，可以提出一个可信的假设，即氧空位会捕获和释放电子而发光，这可以在 XPS 的测量下证明氧空位的存在，如图 8-4(b) 和 (c) 所示。这些样品中的 O_{1s} 谱可以拟合为三个峰，分别对应于晶格氧 O_{1s-a}、吸附氧 O_{1s-b} 和水分氧 O_{1s-c}。一般来说，材料中氧空位的相对浓度可以通过 O_{1s-b}/O_{1s-a} 的比值来反映，在空气和还原气氛下制备的 $KSr_4B_3O_9$ 基质中，O_{1s-b}/O_{1s-a} 的比值分别为 2.12 和 0.47。根据所得结果，该光谱可归因为 $KSr_4B_3O_9$ 基质中的氧空位缺陷。同时，计算得到其衰减时间约为 4.68μs，表明单光子返回基态的时间相对较长，如图 8-4(d) 所示。

8.2.4 $KSr_4B_3O_9:Eu^{2+}$ 的发光性质和发光动力学研究

在 460nm 的蓝光激发下，$KSr_4B_3O_9:Eu^{2+}$ 样品可以发射出明亮的黄光。如图 8-5(a) 和 (b) 所示，测量了 $KSr_4B_3O_9:xEu^{2+}$（$0.25\% \leqslant x \leqslant 2.25\%$）的激发和发射光谱，以说明详细的发光行为。当监测波长为 557nm 时，激发光谱出现两个宽峰，分别位于 325nm 和 460nm 处，可以归属于 Eu^{2+} 离子的基质吸收和 4f→5d 跃迁。在 460nm 激发下，发射光谱覆盖了 500~700nm 的宽区域，最大峰值为 557nm。最佳 Eu^{2+} 掺杂浓度为 1.25%，量子效率为 27.31%［见图 8-5(c)］，掺杂浓度超过 1.25% 发射强度降低是由于浓度猝灭效应导致的。同时，通过双指数拟合计算得到 $KSr_4B_3O_9:1.25\%Eu^{2+}$ 样品在 460nm 激发下的衰减时间为 821.1ns，如图 8-5(d) 所示。

为了进一步确定 Eu^{2+} 离子在 $KSr_4B_3O_9$ 中的占位偏好，测试了 $KSr_4B_3O_9:1.25\%Eu^{2+}$ 样品在 77K 下的低温发射光谱来进行区分，如图 8-6(a) 所示。对低温发射光谱进行高斯拟合，三个高斯拟合峰证明 Eu^{2+} 在 $KSr_4B_3O_9$ 中存在三个独立的发光中心。结果表明 Eu^{2+} 离子在室温下可以同时进入三个晶体学格位。因此，采用 Eu^{3+} 离子作为阳离子占位探针来验证假设，测试了 $KSr_4B_3O_9:1.25\%Eu^{3+}$ 的发射光谱，如图 8-6(c) 所示。众所周知，因为晶体场不影响 $^5D_0\rightarrow{}^7F_0$ 跃迁的分裂，所以归属于 $^5D_0\rightarrow{}^7F_0$ 跃迁的发射峰数目与不等价取代后格位的数目一致。如图 8-6(c) 所示，属于 $^5D_0\rightarrow{}^7F_0$ 跃迁的发射峰个数包含三个独立的峰，与高斯拟合结果一致。考虑到三个高斯拟合峰以及 Eu^{2+} 和 K^+ 离子之间较大的半径百分比偏差，可以从占据不同 Sr^{2+} 格位的 Eu^{2+} 离子中确定这三个拟合峰。为了进一步区分 Eu^{2+} 离子占据 Sr1，Sr2 和 Sr3 格位的贡献，Van Uitert 提出的公式（8-3）可以给出一些理论值：

$$E = Q\left[1 - \left(\frac{V}{4}\right)^{\frac{1}{V}} 10^{-nE_a r/80}\right] \qquad (8\text{-}3)$$

式中，Q 为能量常数，$Q = 34000\,cm^{-1}$；V 为 Eu²⁺ 离子（$V = 2$）的价态；n 为 Eu²⁺ 离子周围的氧配位数；E_a 为原子的电子亲和能；r 为阳离子半径；E 为不同 Eu²⁺ 发光中心的最高峰波数。一般来说，电子亲和能的值可以根据文献确定在 2.0～2.5eV 之间，同时根据公式（8-3），Eu²⁺ 发射峰能量受 n 和 r 值的影响，确定 $n(Sr1/2) = 8$，$r = 1.26 \times 10^{-10}\,m$；KSr₄B₃O₉ 结构中 $n(Sr3) = 9$，$r = 1.31 \times 10^{-10}\,m$。结合 77K 下的高斯拟合光谱结果，506nm 处的发射峰可归属于 Eu²⁺ 离子在 KSr₄B₃O₉ 基质中占据 Sr3 格位。然而，在 563nm 和 593nm 处的发射峰无法区分。因此，通过计算晶体场劈裂 D_q 来确定 Eu²⁺ 在 Sr1 和 Sr2 格位的占位情况。

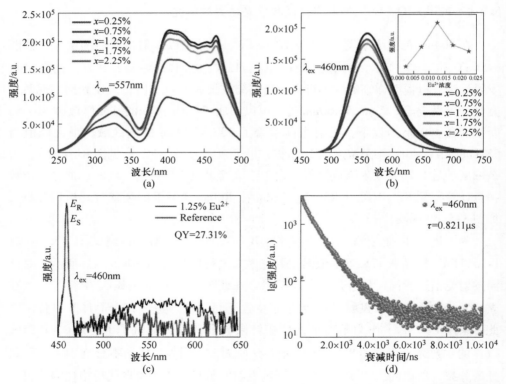

图 8-5 KSr₄B₃O₉:xEu²⁺（0.25% ≤ x ≤ 2.25%）样品的激发和

发射光谱（a）（b）、KSr₄B₃O₉:1.25%Eu²⁺ 样品在 460nm

激发下的量子效率（c）和 KSr₄B₃O₉:1.25%Eu²⁺

样品在 460nm 激发下的衰减曲线（d）

图 8-5 彩图

根据文献报道，D_q 与平均距离 R 成反比，Sr1 和 Sr2 的平均距离分别为：2.588×10^{-10} m 和 2.581×10^{-10} m。因此在 563nm 和 593nm 处的峰可分别归属于 Eu^{2+} 离子占据的 Sr1 和 Sr2 格位。

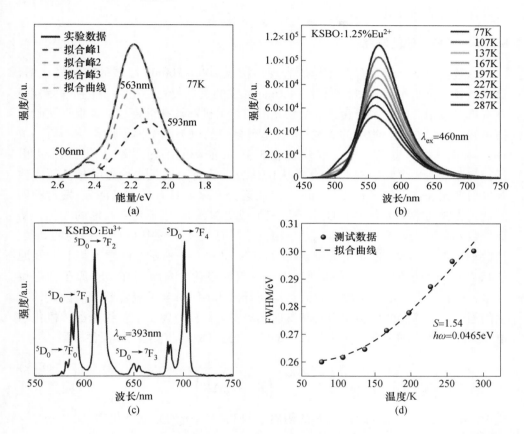

图 8-6　$KSr_4B_3O_9 : 1.25\% Eu^{2+}$ 样品在 77K 的高斯拟合峰（a）、$KSr_4B_3O_9 : 1.25\% Eu^{2+}$ 样品从 77K 到 287K 的变温发射光谱（b）、$KSr_4B_3O_9 : 1.25\% Eu^{3+}$ 样品的发射光谱（c）和 $KSr_4B_3O_9 : 1.25\% Eu^{2+}$ 样品的 FWHM 随温度的变化及拟合结果（d）

图 8-6 彩图

图 8-6(d) 为 $KSr_4B_3O_9 : 1.25\% Eu^{2+}$ 样品的 FWHM 值与 77～283K 下温度变化的关系。随着温度的升高，声子与发光中心之间发生强烈的相互作用，产生强烈的电子-声子耦合，从而使 FWHM 变宽。FWHM 的温度依赖性被拟合为以下函数：

$$\text{FWHM}(T) = 2.36\sqrt{S}\hbar\omega_{\text{phonon}}\sqrt{\coth \hbar\omega_{\text{phonon}}/(2k_B I)} \quad (8\text{-}4)$$

式中，$\hbar\omega$ 为声子频率；S 为电子-声子耦合参数；k_B 和 $\hbar$ 分别为普朗克常数和玻耳兹曼常数。根据式（8-4），计算得到电子-声子耦合参数 S 为 1.54，表明硼酸盐基质中存在强烈的电子-声子相互作用。声子频率 $\hbar\omega$ 计算为 0.0465eV。S 和 $\hbar\omega$ 值表明声子对电子跃迁有一个中等程度的影响。声子和电子适中的耦合效应可以保证合适的发射强度。

8.2.5　发光机理的研究

一般情况下，很少有荧光粉能表现出覆盖 200 ~ 500nm 区域的宽激发光谱，最高激发峰位于 460nm 处。同时，460nm 激发的黄色荧光粉在水下生物探测方面具有重要应用。因此，探索宽带激发光谱的相关机制具有重要意义。根据文献调研可知，Eu²⁺ 在化合物中的激发/发射光谱会受到以下两个因素的影响：质心位移 ε_{c} 和晶体场劈裂 ε_{cfs}。质心位移代表 5 个 5d 能级的平均位置向下偏移，以电子云膨胀效应为主。根据 Keszler 等人的研究，具有短波长光的硼酸盐基质应该与发射黄光和红光的（长于 550nm）基质区分开来。具有长波长激发/发射的硼酸盐荧光粉通常至少有一个 O 原子与三个或更多的 Sr 原子具有高度的配位，从而导致其激发能量低于 30000cm⁻¹。相反，当硼酸盐基质中 O 原子周围的 Sr 配位数小于 3 时，激发能量将大于 30000cm⁻¹。如图 8-7 所示，O 原子与 1 个 B 原子和 4 个 Sr 原子配位，这将强烈地影响材料的极化。众所周知，Sr 原子的配位越多，O 原子上的电子密度就越高，这将导致 Eu-O 的电子重叠越大。因此，产生的强电子云膨胀效应会使激发和发射光谱发生红移。为了定量讨论配体极化与电子云膨胀效应的关系，采用公式（8-5）~ 公式（8-7）建立配体极化模型：

$$\varepsilon_{c} = A \sum_{i=1}^{N} \frac{\alpha_{sp}}{\left(R_{i} - \frac{1}{2}\Delta R\right)^{6}} \tag{8-5}$$

式中，A 为常数；α_{sp} 为距离为 R 的阴离子和 Eu²⁺ 离子的光谱极化率；$\Delta R = R_{M} - R_{Eu}$，$R_{M}$ 为晶格中 Eu²⁺ 离子占据的离子半径。由公式（8-5）可知，电子云膨胀效应与光谱极化率 α_{sp} 成正比，α_{sp} 与阳离子平均电负性 χ_{av}^{2} 有如下关系：

$$\alpha_{sp} = 0.33 + \frac{4.8}{\chi_{av}^{2}} \tag{8-6}$$

$$\chi_{av} = \frac{1}{N_{a}} \sum_{i}^{N_{c}} \frac{Z_{i}x_{i}}{\gamma} \tag{8-7}$$

式中，N_{c} 为 KSr₄B₃O₉ 中所有阳离子的数目；N_{a} 为所有阴离子的数目；Z 和 γ 分别代表阳离子和阴离子的价态。根据 Allred 报道，Pauling 型电负性 χ_{i} 可以确定为 $\chi_{Sr} = 0.95$，$\chi_{K} = 0.82$，$\chi_{B} = 2.04$。最后计算出平均阳离子电负性为 $\chi_{av} = 1.488$，光谱极化率为 $\alpha_{sp} = 2.498 \times 10^{-30} m^{-3}$。与其他氧化物相比，KSr₄B₃O₉ 可以提供更大的光谱极化率，这可以降低 Eu²⁺ 在 KSr₄B₃O₉ 中 5d 能级的重心，从而表现出较

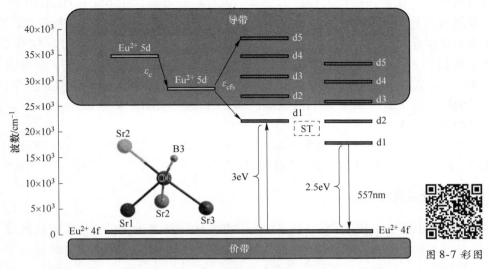

图 8-7　Eu^{2+} 离子在 $KSr_4B_3O_9$ 晶体结构中的能级示意图

大的激发波长红移。影响激发波长和半峰宽的另一个关键因素是晶体场劈裂 ε_{cfs}。通过比较稀土离子所占据的多面体，发现晶体场劈裂与多面体形状、配位数和键长有很强的关系，可以用下式来描述：

$$\varepsilon_{cfs} = \beta_{poly}^Q R_{av}^{-2} \tag{8-8}$$

式中，β_{poly}^Q 为依赖于多面体形状的常数，与稀土的价态无关。R_{av}^{-2} 可以通过以下方程得到：

$$R_{av}^{-2} = \frac{1}{N}\sum_{i=1}^{N}(R_i - 0.6\Delta R) \tag{8-9}$$

式中，R_i 为 N 配位阳离子的键长，$\Delta R = R_M - R_{Ln}$。β_{poly}^Q 可以确定为 $1.36 \times 10^5 eV \cdot pm^2$。根据上述讨论，键长越短，晶体场越强，5d 能级分裂越大。键长只能用于同一晶体结构中的比较，不能用于不同晶体体系之间的横向比较。因此，多面体晶格畸变系数可以为晶体场劈裂提供支持：

$$D = \frac{1}{n}\sum_{i=1}^{n}\frac{|d_i - d_{av}|}{d_{av}} \tag{8-10}$$

式中，d_i 为中心原子与第 i 个配体原子之间的键长；d_{av} 为平均键长。因此，考虑到 $KSr_4B_3O_9$ 相对较短的 Sr—O 平均键长、较宽的 Sr—O 键长（$2.23 \times 10^{-10} \sim 2.96 \times 10^{-10}$ m）分布以及 Eu^{2+} 和 Sr^{2+} 离子半径相近，可以确定 Eu^{2+} 在 $KSr_4B_3O_9$ 中存在较大的晶体场劈裂，从而获得较大的激发和发射波长。

斯托克斯位移，即发射光谱相对于吸收光谱的红移，也会影响激发和发射光谱的位置。一般来说，遵循 pseudo-Jahn-Teller 效应，Eu^{2+} 位于大的不规则阳离子格位的质心位移会获得较大程度的 Stokes 位移。一方面，在 KSr₄B₃O₉ 结构中，Sr 原子与八九个 O 原子配位，具有较强的各向异性环境；另一方面，如果 Eu²⁺ 进入半径相近的格位，则会产生较小的斯托克斯位移。因此，考虑到 Eu²⁺/Sr²⁺ 半径相近以及 Eu²⁺ 在不规则晶体学格位的质心位移，计算出 Stocks 位移为 3786cm⁻¹。综上所述，KSr₄B₃O₉ 中 Eu²⁺ 的黄光发射主要由上述三个因素主导：较大的斯托克斯位移 ΔS、较大的质心位移 ε_c 和较强的晶体场劈裂 ε_{cfs}，且发射波长的能量由式（8-11）给出：

$$\Delta E_m = \Delta E_0 - \varepsilon_c - \varepsilon_{cfs} - \Delta S \tag{8-11}$$

式中，ΔE_0 为自由 Eu²⁺ 离子的 4f⁶5d 能量。

8.2.6　实际应用探究

根据以上对 KSr₄B₃O₉:Eu²⁺ 荧光粉光学性能的理解和优化，进一步评估其在水下照明领域的潜在应用。图 8-8(a) 中的吸收光谱在 300 ~ 800nm 区域显示了 80% 的透光率，插图中显示的覆盖或不覆盖 PDMS 薄膜的渤海大学文字都是清晰的。因此，荧光粉与 PDMS 结合是输出优异的光学性能的有效选择。KSr₄B₃O₉:1.25% Eu²⁺ 在水中的 XRD 测试结果如图 8-8(b) 所示，表明 KSr₄B₃O₉:1.25% Eu²⁺ 荧光粉对于水处理前后的 XRD 图谱保持不变和对水的相稳定性。图 8-8(c) 为通过模板法制作的鱼状模型的设计和制备过程。通过磁力搅拌将 KSr₄B₃O₉:1.25% Eu²⁺ 荧光粉和 PDMS 均匀混合，然后在鱼状模板中在 60℃ 下固化 1h。自然光下体色为白色的鱼状模型在图 8-8(d) 中的 460nm 蓝光激发下呈现亮黄色。鱼状模型在去离子水中浸泡 120min 后仍能保持较强的黄光发射。图 8-8(e) 为 CaAlSiN₃:Eu²⁺ 红色荧光粉和 KSr₄B₃O₉:1.25% Eu²⁺ 黄色荧光粉在蓝光激发下制备的 WLED 的 EL 光谱。优异的 CCT（约 4370K）和 CIE 色坐标（0.3631，0.3572）表明其可应用于固态照明领域。

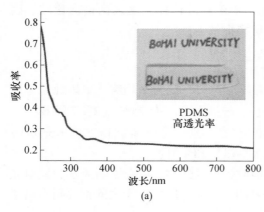

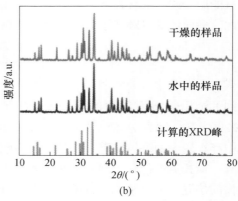

(a)　　　　　　　　　　　　　　　　(b)

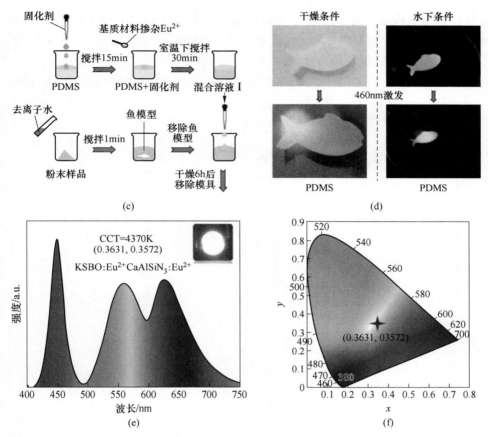

(c)

(d)

(e)

(f)

图 8-8 PDMS 在 200~800nm 范围内的吸收光谱（a）、$KSr_4B_3O_9:1.25\% \ Eu^{2+}$
在去离子水中浸泡 120min 后的 XRD 图谱（b）、$KSr_4B_3O_9:Eu^{2+}$ 荧光粉与
PDMS 制备的鱼状模型示意图（c），在自然光和 460nm 蓝光激发下拍摄的
鱼状模型在干燥和水下环境中的数码照片（d），$CaAlSiN_3:Eu^{2+}$ 和
$KSr_4B_3O_9:Eu^{2+}$ 荧光粉在 460nm 蓝光芯片激发下的 EL 光谱与
WLED 器件的照片（e）和 WLED 的 CIE 坐标图（f）

图 8-8 彩图

8.3 小 结

综上所述，通过高温固相法成功合成了 $KSr_4B_3O_9:Eu^{2+}$ 黄色荧光粉，并研究了其结构与发光性能之间的关系。根据在 77K 下的低温光谱、Eu^{3+} 离子探针和瞬态光谱，可以确定 Eu^{2+} 优先占据 Sr^{2+} 的格位。在 460nm 激发下，荧光粉呈现明亮的黄光发射，峰值位于 560nm 左右。宽的激发带和黄光发射峰可归因于较大的质心位移 ε_c、较强的晶体场劈裂 ε_{cfs} 和较大的斯托克斯位移 ΔS。较大的质心位

移与 O 原子上较高的电子密度和 Eu-O 的电子重叠较大导致的较强的电子云膨胀效应有关。得益于相对较短的 Sr—O 平均键长和较宽的 Sr—O 键长分布（2.23 × 10^{-10} ~ 2.96 × 10^{-10} m），KSr$_4$B$_3$O$_9$: Eu^{2+} 表现出较强的晶体场劈裂。最后，将 KSr$_4$B$_3$O$_9$: Eu^{2+} 荧光粉制备成 WLED 器件，显示了其在固态照明领域的潜在应用。

参 考 文 献

[1] 朱永法，姚文清，宗瑞隆. 光催化：环境净化与绿色能源应用探索 [M]. 北京：化学工业出版社，2015.

[2] 李祥，杨军宝. 浅析火力发电工程项目划分的必要性 [J]. 清洗世界，2020，1（1）：58-59.

[3] YE S, XIAO F, PAN Y X, et al. Phosphors in phosphor-converted white light-emitting diodes: recent advances in materials, techniques and properties [J]. Materials Science & Engineering R-Reports, 2010, 71 (1): 1-34.

[4] PHILLIPS J M, COLTRIN M E, CRAWFORD M H, et al. Research challenges to ultra-efficient inorganic solid-state lighting [J]. Laser & Photonics Reviews, 2007, 1: 307-333.

[5] 林家明，李为. 红外发光二极管（LED）工作原理与特性 [J]. 光学技术，1993，1（4）：13-15.

[6] DAI Q, DUTY C E, HU M Z, et al. Semiconductor-nanocrystals-based white light-emitting diodes [J]. Small, 2010, 6 (15): 1577-1588.

[7] XIA Z, XU Z, CHEN M, et al. Recent developments in the new inorganic solid-state LED phosphors [J]. Dalton Transactions, 2016, 45 (28): 11214-11232.

[8] 肖芬. 紫外激发白光 LED 荧光粉的制备及发光特性研究 [D]. 广州：华南理工大学，2011.

[9] CHIU Y C, YEH P S, WANG T H, et al. An ultraviolet sensor and indicator module based on p-i-n photodiodes [J]. Sensors, 2019, 19 (22): 4938.

[10] ZHANG X, HUANG L, PAN F, et al. Highly Thermally stable single-component white-emitting silicate glass for organic-resin-free white-light-emitting diodes [J]. ACS Applied Materials & Interfaces, 2014, 6 (4): 2709-2717.

[11] KOTTAISAMY M, THIYAGARAJAN P, MISHRA J, et al. Color tuning of $Y_3Al_5O_{12}$: Ce phosphor and their blend for white LEDs [J]. Materials Research Bulletin, 2008, 43 (7): 1657-1663.

[12] GUO N, HUANG Y J, YOU H P, et al. $Ca_9Lu(PO_4)_7$: Eu^{2+}, Mn^{2+}: a potential single-phased white-light-emitting phosphor suitable for white-light-emitting diodes [J]. Inorganic Chemistry, 2010, 49 (23): 10907.

[13] ANANT A S, WILLIAM J H, MARK E H, et al. Incorporation of Si^{4+}-N^{3-} into Ce^{3+}-doped garnets for warm white LED phosphors [J]. Chemistry of Materials, 2008, 119 (10): 5562-5569.

[14] JI H, WANG L, MOLOKEEV M S, et al. New garnet structure phosphors, $Lu_{3-x}Y_xMgAl_3SiO_{12}$: Ce^{3+} ($x = 0-3$), developed by solid solution design [J]. Journal of Materials Chemistry C, 2016, 4 (12): 2359-2366.

[15] WEI Y, CAO L, LV L, et al. Highly efficient blue emission and superior thermal stability of $BaAl_{12}O_{19}$: Eu^{2+} phosphors based on highly symmetric crystal structure [J]. Chemistry of Materials, 2018, 30 (7): 2389-2399.

[16] SATO Y, KATO H, KOBAYASHI M, et al. Tailoring of deep-red luminescence in Ca_2SiO_4: Eu^{2+} [J]. Angewandte Chemie International Edition, 2014, 53 (30): 7756-7759.

[17] DHOBLE S J. Preparation and characterization of the $Sr_5(PO_4)_3Cl$: Eu^{2+} phosphor [J]. Journal of Physics D: Applied Physics, 2000, 33 (2): 158-161.

[18] ZHANG S, NAKAI Y, TSUBOI T, et al. The thermal stabilities of luminescence and microstructures of Eu^{2+}-doped $KBaPO_4$ and $NaSrPO_4$ with β-K_2SO_4 type structure [J]. Inorganic Chemistry, 2011, 50 (7): 2897-2904.

[19] SONG H J, YIM D K, ROH H S, et al. $RbBaPO_4$: Eu^{2+}: a new alternative blue-emitting phosphor for UV-based white light-emitting diodes [J]. Journal of Materials Chemistry C, 2013, 1 (3): 500-505.

[20] LIN C C, XIAO Z R, GUO G Y, et al. Versatile phosphate phosphors $ABPO_4$ in white light-emitting diodes: collocated characteristic analysis and theoretical calculations [J]. Journal of the American Chemical Society, 2010, 132 (9): 3020-3028.

[21] HUANG C H, CHEN T M. Novel yellow-emitting $Sr_8MgLn(PO_4)_7$: Eu^{2+} (Ln = Y, La) phosphors for applications in white LEDs with excellent color rendering index [J]. Inorganic Chemistry, 2011, 50 (12): 5725-5730.

[22] HUANG Z H, JI H P, FANG M H, et al. Cyan-emitting $LiBaBO_3$: Eu^{2+} phosphor: crystal structure and luminescence property comparison with $LiSrBO_3$: Eu^{2+} [J]. Chemical Physics Letters, 2015, 628 (16): 21-24.

[23] DORENBOS P. Relation between Eu^{2+} and Ce^{3+} f → d-transition energies in inorganic compounds [J]. Journal of Physics-Condensed Matter, 2003, 15 (27): 4797-4807.

[24] DORENBOS P. f→d transition energies of divalent lanthanides in inorganic compounds [J]. Journal of Physics-Condensed Matter, 2003, 15 (3): 575-594.

[25] GEORGE N C, DENAULT K A, SESHADRI R. Phosphors for solid-state white lighting [J]. Annual Review of Materials Research, 2013, 43 (1): 481-501.

[26] DORENBOS P. A review on how lanthanide Impurity levels change with chemistry and structure of inorganic compounds [J]. ECS Journal of Solid State Science and Technology, 2012, 2 (2): 3001-3011.

[27] WANG S X, SONG Z, KONG Y W, et al. 5d-level centroid shift and coordination number of Ce^{3+} in nitride compounds [J]. Journal of Luminescence, 2018, 200: 35-42.

[28] WANG T, XIA Z G, XIANG Q C, et al. Relationship of 5d-level energies of Ce^{3+} with the structure and composition of nitride hosts [J]. Journal of Luminescence, 2015, 166: 106-110.

[29] RACK P D, HOLLOWAY P H. The structure, device physics, and material properties of thin film electroluminescent displays [J]. Materials Science and Engineering: R: Reports, 1998, 21 (4): 171-219.

[30] BAUR W H. The geometry of polyhedral distortions: predictive relationships for the phosphate group [J]. Acta Crystallographica Section B, 1974, 30 (5): 1195-1215.

[31] WANG S X, SONG Z, KONG Y W, et al. Crystal field splitting of $4f^{n-1}5d$-levels of Ce^{3+}

and Eu^{2+} in nitride compounds [J]. Journal of Luminescence, 2018, 194: 461-466.

[32] ZHAO M, ZHOU Y Y, MOLOKEEV M S, et al. Discovery of new narrow-band phosphors with the UCr$_4$C$_4$-related type structure by alkali cation effect [J]. Advanced Optical Materials, 2019, 7 (6): 1801631.

[33] BLASSE G, GRABMAIER B C. Radiative return to the ground state: Emission [J]. Springer Berlin Heidelberg, 1994, 3: 33-70.

[34] JONG M D, SEIJO L, MEIJERINK A, et al. Resolving the ambiguity in the relation between Stokes shift and Huang-Rhys parameter [J]. Physical Chemistry Chemical Physics, 2015, 17 (26): 16959-16969.

[35] HENDERSON B, IMBUSCH G F. Optical spectroscopy of inorganic solids [M]. The United Kingdom: Oxford University Press, 2006.

[36] QIN X, LIU X W, HUANG W, et al. Lanthanide-activated phosphors based on 4f-5d optical transitions: theoretical and experimental aspects [J]. Chemical Reviews, 2017, 117 (5): 4488-4527.

[37] QIAO J W, ZHAO J, LIU Q L, et al. Recent advances in solid-state LED phosphors with thermally stable luminescence [J]. Journal of Rare Earths, 2019, 37 (6): 565-572.

[38] BHUSHAN S, CHUKICHEV M. Temperature dependent studies of cathodoluminescence of green band of ZnO crystals [J]. Journal of Materials Science Letters, 1988, 7 (4): 319-321.

[39] ZHAO M, ZHANG Q Y, XIA Z G. Structural rngineering of Eu^{2+}-doped silicates phosphors for LED applications [J]. Accounts of Materials Research, 2020, 1 (2): 137-145.

[40] WALTEREIT P, BRANDT O, RAMSTEINER M, et al. Growth of M-plane GaN: A way to evade electrical polarization in nitrides [J]. Physica Status Solidi (a), 2000, 180 (1): 133-138.

[41] ZHENG J, CHENG Q, WU S, et al. An efficient blue-emitting Sr$_5$(PO$_4$)$_3$Cl: Eu^{2+} phosphor for application in near-UV white light-emitting diodes [J]. Journal of Materials Chemistry C, 2015, 3: 11219-11227.

[42] KIM J S, YUN H P, SUN M K, et al. Temperature-dependent emission spectra of M$_2$SiO$_4$: Eu^{2+} (M = Ca, Sr, Ba) phosphors for green and greenish white LEDs [J]. Solid State Communications, 2005, 133 (7): 445-448.

[43] PARK W B, SINGH S P, YOON C, et al. Eu^{2+} luminescence from 5 different crystallographic sites in a novel red phosphor, Ca$_{15}$Si$_{20}$O$_{10}$N$_{30}$: Eu^{2+} [J]. Journal of Materials Chemistry, 2012, 22 (28): 14068-14075.

[44] QIAO J W, ZHANG Z C, ZHAO J, et al. Tuning of the compositions and multiple activator sites toward single-phased white emission in (Ca$_{9-x}$Sr$_x$) MgK(PO$_4$)$_7$: Eu^{2+} phosphors for aolid-atate lighting [J]. Inorganic Chemistry, 2019, 58: 5006-5012.

[45] BACHMANN V, RONDA C, OECKLER O, et al. Color point tuning for (Sr, Ca, Ba) Si$_2$O$_2$N$_2$: Eu^{2+} for white light LEDs [J]. Chemistry of Materials, 2009, 21: 316-325.

[46] LI G G, LIN C C, CHEN W T, et al. Photoluminescence tuning via cation substitution in

oxonitridosilicate phosphors: DFT calculations, different site occupations, and luminescence mechanisms [J]. Chemistry of Materials, 2014, 26: 2991-3001.

[47] SATO Y, KUWAHARA H, KATO H, et al. Large redshifts in emission and excitation from Eu^{2+}-activated Sr_2SiO_4 and Ba_2SiO_4 phosphors induced by controlling Eu^{2+} occupancy on the basis on crystal-site engineering [J]. Optics and Photonics Journal, 2015, 5: 326-333.

[48] XIA Z G, LIU G K, WEN J G, et al. Tuning of photoluminescence by cation nanosegregation in the $(CaMg)_x(NaSc)_{1-x}Si_2O_6$ solid solution [J]. Journal of the American Chemical Society, 2016, 138: 1158-1161.

[49] JUNG Y W, LEE B, SINGH S P, et al. Particle-swarm-optimization-assisted rate equation modeling of the two-peak emission behavior of non-stoichiometric $CaAl_xSi_{(7-3x)/4}N_3$: Eu^{2+} phosphors [J]. Optics Express, 2010, 18 (17): 17805-17818.

[50] WANG S S, CHEN W T, LI Y, et al. Neighboring-cation substitution tuning of photoluminescence by remote-controlled activator in phosphor lattice [J]. Journal of the American Chemical Society, 2013, 135 (34): 12504-12507.

[51] KANG Z Y, WANG S C, SETO T, et al. A highly efficient Eu^{2+} excited phosphor with luminescence tunable in visible range and its applications for plant growth [J]. Advanced Optical Materials, 2021, 9 (22): 2101173.

[52] LIAO M, WU F G, ZHU D Y, et al. Towards single broadband white emission in $Rb_{0.5}K_{1.5}CaPO_4(F,Cl)$: Eu^{2+} via selective site occupancy engineering for solid-state lighting applications [J]. Chemical Engineering Journal, 2022, 449: 137801.

[53] PUST P, WEILER V, HECHT C, et al. Narrow-band red-emitting $Sr[LiAl_3N_4]$: Eu^{2+} as a next-generation LED-phosphor material [J]. Nature Materials, 2014, 13: 891-896.

[54] ZHAO M, LIAO H, NING L, et al. Next generation narrow-band green-emitting $RbLi(Li_3SiO_4)_2$: Eu^{2+} phosphor for backlight display application [J]. Advanced Materials, 2018, 30 (38): 1802489.

[55] GNACH A, BEDNARKIEWICZ A. Lanthanide-doped up-converting nanoparticles: merits and challenges [J]. Nano Today, 2012, 7: 532-563.

[56] DAI P, WANG Q, XIANG M, et al. Composition-driven anionic disorder order transformations triggered single-Eu^{2+}-converted high-color rendering white-light phosphors [J]. Chemical Engineering Journal, 2020, 380: 122508.

[57] BINNEMANS K. Lanthanide-based luminescent hybrid materials [J]. Chemical Reviews, 2009, 109: 4283-4374.

[58] LI G, LIN C C, CHEN W T, et al. Photoluminescence tuning via cation substitution in oxonitridosilicate phosphors: DFT calculations, different site occupations, and luminescence mechanisms [J]. Chemistry of Materials, 2014, 26: 2991-3001.

[59] MAO H K, XU J, BELL P M. Calibration of the ruby pressure gauge to 800 kbar under quasi-hydrostatic conditions [J]. Journal of Geophysical Research, 1986, 91: 4673-4676.

[60] BARNETT J D, BLOCK S, PIERMARINI G J. An optical fluorescence system for quantitative pressure measurement in the diamond-anvil cell [J]. Review of Scientific Instruments, 1973,

44: 1-9.

[61] LORENZ B, SHEN Y R, HOLZAPFEL W B. Characterization of the new luminescence pressure sensor SrFCl: Sm^{2+} [J]. High Pressure Research, 1994, 12: 91-99.

[62] WANG Y, SETO T, ISHIGAKI K, et al. Pressure-driven Eu^{2+}-doped $BaLi_2Al_2Si_2N_6$: a new color tunable narrow-band emission phosphor for spectroscopy and pressure sensor applications [J]. Advanced Functional Materials, 2020, 30: 2001384.

[63] LI Z, ZHU G, ZHANG Z, et al. Local structure modification for identifying the site preference and characteristic luminescence property of Eu^{2+} ions in full-color emission phosphors $Sr_{18}Mg_3$ $(PO_4)_{14}$: Eu^{2+} [J]. Journal of Alloys and Compounds, 2021, 862: 158634.

[64] FANG M H, CHEN P Y, BAO Z, et al. Broadband NaK_2Li [Li_3SiO_4]$_4$: Ce alkali lithosilicate blue phosphors [J]. Journal of Physical Chemistry Letters, 2020, 11: 6621-6625.

[65] WANG D Y, TANG Z B, KHAN W U, et al. Photo-luminescence study of a broad yellow-emitting phosphor $K_2ZrSi_2O_7$: Bi^{3+} [J]. Chemical Engineering Journal, 2017, 313: 1082-1087.

[66] WEI Q, DING J, WANG Y. A novel wide-excitation and narrow-band blue-emitting phosphor with hafnium silicon multiple rings structure for photoluminescence and cathodoluminescence [J]. Journal of Alloys and Compounds, 2020, 831: 154825.

[67] TANG Z, WANG D, KHAN W U, et al. Novel zirconium silicate phosphor $K_2ZrSi_2O_7$: Eu^{2+} for white light-emitting diodes and field emission displays [J]. Journal of Materials Chemistry C, 2016, 4: 5307.

[68] PIRES A M, DAVOLOS M R. Luminescence of europium(III) and manganese(II) in barium and zinc orthosilicate [J]. Chemistry of Materials, 2001, 13: 21-27.

[69] WU Q, LI Y, WANG Y, et al. A novel narrow-band blue-emitting phosphor of Bi^{3+}-activated $Sr_3Lu_2Ge_3O_{12}$ based on a highly symmetrical crystal structure used for WLEDs and FEDs [J]. Chemical Engineering Journal, 2020, 401: 126130.

[70] SHANNON R D. Revised effective ionic radii and systematic studies of interatomic distances in halides and chalcogenides [J]. Acta Crystallographica Section A, 1976, 32: 751-767.

[71] BISWAS P, KUMAR V, AGARWAL, et al. $NaSrVO_4$: Sm^{3+}-an n-UV convertible phosphor to fill the quantum efficiency gap for LED applications [J]. Ceramics International, 2016, 42: 2317-2323.

[72] CAO G, RABENBERG L K, NUNN C M, et al. Formation of quantum-size semiconductor particles in a layered metal phosphonate host lattice [J]. Chemistry of Materials, 1991, 3: 149-156.

[73] PARK S H, LEE K H, UNITHRATTIL S, et al. Melilite-structure $CaYAl_3O_7$: Eu^{3+} phosphor: structural and optical characteristics for near-UV LED-based white light [J]. The Journal of Physical Chemistry C, 2012, 116: 26850-26856.

[74] XIA Z G, WANG X M, WANG Y X, et al. Synthesis, structure, and thermally stable luminescence of Eu^{2+}-doped $Ba_2Ln(BO_3)_2Cl(Ln = Y, Gd$ and Lu) host compounds [J].

Inorganic Chemistry, 2011, 50: 10134-10142.

[75] VAN UITERT L G. An empirical relation fitting the position in energy of the lower d-band edge for Eu^{2+} or Ce^{3+} in various compounds [J]. Journal of Luminescence, 1984, 29: 1-9.

[76] LIU C Y, XIA Z G, LIAN Z P, et al. Structure and luminescence properties of green-emitting $NaBaScSi_2O_7$: Eu^{2+} phosphors for near-UV-pumped light emitting diodes [J]. Journal of Materials Chemistry C, 2013, 1: 7139-7147.

[77] PEKOV I V, YAPASKURT V O, BRITVIN S N, et al. New arsenate minerals from the Arsenatnaya fumarole, Tolbachik volcano, Kamchatka, Russia. V. Katiarsite, $KTiO(AsO_4)$ [J]. Mineralogical Magazine, 2016, 80: 639-646.

[78] ZHOU B, SHI H, ZHANG X D, et al. The simulated vibrational spectra of HfO_2 polymorphs [J]. Journal of Physics D-Applied Physics, 2014, 47: 115502.

[79] RAO R, SAKUNTALA T, GODWAL B. Evidence for high-pressure polymorphism in resorcinol [J]. Physical Review B, 2002, 65: 054108.

[80] FRANCO O, ORGZALL I, REGENSTEIN W, et al. Structural and spectroscopical study of a 2, 5-diphenyl-1, 3, 4-oxadiazole polymorph under compression [J]. Journal of Physics-Condensed Matter, 2006, 18: 1459.

[81] DORENBOS P. The $4f^n \rightarrow 4f^{n-1}5d$ transitions of the trivalent lanthanides in halogenides and chalcogenides [J]. Journal of Luminescence, 2000, 91 (1): 91-106.

[82] DORENBOS P. Calculation of the energy of the 5d barycenter of $La_3F_3[Si_3O_9]$: Ce^{3+} [J]. Journal of Luminescence, 2003, 105: 117-119.

[83] DORENBOS P. Energy of the first $4f^7 \rightarrow 4f^6 5d$ transition of Eu^{2+} in inorganic compounds [J]. Journal of Luminescence, 2003, 104: 239-260.

[84] DORENBOS P. Relating the energy of the [Xe] $5d^1$ configuration of Ce^{3+} in inorganic compounds with anion polarizability and cation electronegativity [J]. Physical Review B, 2002, 65: 235110.

[85] DORENBOS P. Ce^{3+} 5d-centroid shift and vacuum referred 4f-electron binding energies of all lanthanide impurities in 150 different compounds [J]. Journal of Luminescence, 2013, 135: 93-104.

[86] FANG M H, LEANO J L, LIU R S. Control of narrow-band emission in phosphor materials for application in light-emitting diodes [J]. ACS Energy Letters, 2018, 3: 2573-2586.

[87] WOLFERT A, OOMEN E, BLASSE G. Host lattice dependence of the Bi^{3+} luminescence in orthoborates $LnBO_3$(with Ln = Sc, Y, La, Gd, or Lu)[J]. Journal of Solid State Chemistry, 1985, 59: 280-290.

[88] ARASHI H, ISHIGAME M. Diamond anvil pressure cell and pressure sensor for high-temperature use [J]. Japanese Journal of Applied Physics, 1982, 21: 1647-1649.

[89] HESS N J, EXARHOS G J. Temperature and pressure dependence of laser induced fluorescence in Sm: YAG-a new pressure calibrant [J]. High Pressure Research, 1989, 2: 57-64.

[90] DATCHI F, LETOULLEC R, LOUBEYRE P. Improved calibration of the SrB_4O_7: Sm^{2+} optical pressure gauge: advantages at very high pressures and high temperatures [J]. Journal

of Applied Physics, 1997, 81: 3333-3339.

[91] RUNOWSKI M, WOZNY P, LAVIN V, et al. Optical pressure nano-sensor based on lanthanide doped SrB_2O_4: Sm^{2+} luminescence-novel high-pressure nanomanometer [J]. Sensors and Actuators B, 2018, 273: 585-591.

[92] RUNOWSKI M, SHYICHUK A, TYMINSKI A, et al. Multifunctional optical sensors for nanomanometry and nanothermometry: high-pressure and high-temperature upconversion luminescence of lanthanide-doped phosphates-$LaPO_4$/YPO_4: Yb^{3+}-Tm^{3+} [J]. ACS Applied Materials & Interfaces, 2018, 10: 17269-17279.

[93] DAI P P, LI C, ZHANG X T, et al. A single Eu^{2+}-activated high-color-rendering oxychloride white-light phosphor for white-light-emitting diodes [J]. Light: Sci. Appl., 2016, 5 (2): 16024.

[94] LEE J W, SINGH S P, KIM M, et al. Metaheuristics-assisted combinatorial screening of Eu^{2+}-doped Ca-Sr-Ba-Li-Mg-Al-Si-Ge-N compositional space in search of a narrow-band green emitting phosphor and density functional theory calculations [J]. Inorg. Chem., 2017, 56 (16): 9814-9824.

[95] GEORGE N C, DENAULT K A, SESHADRI R. Phosphors for solid-state white lighting [J]. Annual Review of Materials Research, 2013, 43 (1): 481-501.

[96] GEORGE N C, PELL A J, DANTELLE G, et al. Local environments of dilute activator ions in the solid-state lighting phosphor $Y_{3-x}Ce_xAl_5O_{12}$ [J]. Chem. Mater., 2013, 25 (20): 3979-3995.

[97] UEDA J, DORENBOS P, BOS A J J, et al. Insight into the thermal quenching mechanism for $Y_3Al_5O_{12}$: Ce^{3+} through thermoluminescence excitation spectroscopy [J]. J. Phys. Chem. C., 2015, 119 (44): 25003-25008.

[98] SHEU J K, CHANG S J, KUO C H, et al. White-light emission from near UV InGaN-GaN LED chip precoated with blue/green/red phosphors [J]. IEEE Photonics Technol. Lett., 2003, 15 (1): 18-20.

[99] WANG Z L, CHEAH K W, TAM H L, et al. Near-ultraviolet light excited deep blue-emitting phosphor for solid-state lighting [J]. J. Alloys Comp., 2009, 482 (1): 437-439.

[100] BOUKHRIS A, GLORIEUX B, AMARA M B. X-ray diffraction, 31P NMR and europium photoluminescence properties of the $Na_2Ba_{1-x}Sr_xMg(PO_4)_2$ system related to the glaserite type structure [J]. Journal of Molecular Structure, 2015, 1083: 319-329.

[101] IMURA H, KAWAHARA A. Structure d'un monophosphate synthetique de magnesium et de sodium: $Mg_3Na_3(PO_4)_3$ [J]. Acta Crystallographica Section C, 1997, 53 (12): 1733-1735.

[102] BEN AMARA M, VLASSE M, OLAZCUAGA R, et al. Structure de l'orthophosphate triple de magnesium et de sodium, $NaMg_4(PO_4)_3$ [J]. Acta Crystallographica Section C, 1983, 39 (8): 936-939.

[103] BEN HAMED T, BOUKHRIS A, BADRI A, et al. Synthesis and crystal structure of a new magnesium phosphate $Na_3RbMg_7(PO_4)_6$ [J]. Acta Crystallogr E Crystallogr Commun, 2017,

73 (6): 817-820.

[104] TANG Z, ZHANG G, WANG Y. Design and development of a bluish-green luminescent material ($K_2HfSi_3O_9$: Eu^{2+}) with robust thermal stability for white light-emitting diodes [J]. ACS Photon. , 2018, 5 (9): 3801-3813.

[105] XIE M, WEI H, WU W. Site occupancy studies and luminescence properties of emission tunable phosphors $Ca_9La(PO_4)_7$: Re (Re = Ce^{3+}, Eu^{2+}) [J]. Inorg. Chem. , 2019, 58 (3): 1877-1885.

[106] KIM J S, PARK Y H, KIM S M, et al. Temperature-dependent emission spectra of M_2SiO_4: Eu^{2+} (M = Ca, Sr, Ba) phosphors for green and greenish white LEDs [J]. Solid State Communications, 2005, 133 (7): 445-448.

[107] ZHU G, LI Z, WANG C, et al. Highly Eu^{3+} ions doped novel red emission solid solution phosphors $Ca_{18}Li_3$ (Bi, Eu) (PO_4)$_{14}$: structure design, characteristic luminescence and abnormal thermal quenching behavior investigation [J]. Dalton Trans. , 2019, 48 (5): 1624-1632.

[108] XIA Z G, LIU Q L. Progress in discovery and structural design of color conversion phosphors for LEDs [J]. Progress in Materials Science, 2016, 84: 59-117.

[109] PUST P, SCHMIDT P J, SCHNICK W. A revolution in lighting [J]. Nature Materials, 2015, 14: 454-458.

[110] TERRASCHKE H, WICKLEDER C. UV, Blue, green, yellow, red, and small: newest developments on Eu^{2+}-doped nanophosphors [J]. Chemical Reviews, 2015, 115: 11352-11378.

[111] QIAO J W, NING L X, MOLOKEEV M S, et al. Site-selective occupancy of Eu^{2+} toward blue-light-excited red emission in a $Rb_3YSi_2O_7$: Eu phosphor [J]. Angewandte Chemie-International Edition, 2019, 131: 11645-11650.

[112] WANG Z, HA J, KIM Y H, et al. Mining unexplored chemistries for phosphors for high-color-quality white-light-emitting diodes [J]. Joule, 2018, 2 (5): 914-926.

[113] ZHU H M, LIN C C, LUO W Q, et al. Highly efficient non-rare-earth red emitting phosphor for warm white light-emitting diodes [J]. Nature Communications, 2014, 5: 4312.

[114] LV W, JIA Y, ZHAO Q I, et al. Design of a luminescence pattern via altering the crystal structure and doping ions to create warm white LEDs [J]. Chemical Communications, 2014, 50 (20): 2635.

[115] JIA Y, QIAO H, ZHENG Y, et al. Synthesis and photoluminescence properties of Ce^{3+} and Eu^{2+}-activated Ca_7Mg (SiO_4)$_4$ phosphors for solid state lighting [J]. Journal of Physical Chemistry, 2012, 14 (10): 3537.

[116] ZHANG Z, WANG J, ZHANG M, et al. The energy transfer from Eu^{2+} to Tb^{3+} in calcium chlorapatite phosphor and its potential application in LEDs [J]. Applied Physics B, 2008, 91: 529-537.

[117] KIM J S, JEON P E, CHOI J C, et al. Warm-white-light emitting diode utilizing a single-phase full-color $Ba_3MgSi_2O_8$: Eu^{2+}, Mn^{2+} phosphor [J]. Applied Physics Letters, 2004,

84 (15): 2931-2933.

[118] GOLIM O P, HUANG S F, YIN L, et al. Synthesis, neutron diffraction and photolumine-scence properties of a whitlockite structured $Ca_9MgLi(PO_4)_7$: Pr^{3+} phosphor [J]. Ceramics International, 2020, 46 (17): 27476-27483.

[119] WU Q S, LI Y Y, WANG Y J, et al. A novel narrow-band blue-emitting phosphor of Bi^{3+}-activated $Sr_3Lu_2Ge_3O_{12}$ based on a highly symmetrical crystal structure used for WLEDs and FEDs [J]. Chemical Engineering Journal, 2020, 401: 126130.

[120] XIA Z G, LIU H K, LI X, et al. Identification of the crystallographic sites of Eu^{2+} in $Ca_9NaMg(PO_4)_7$: structure and luminescence properties study [J]. Dalton Transactions, 2013, 42: 16588.

[121] WANG J D, HUANG S, SHANG M M, et al. The effect of local structure on the luminescence of Eu^{2+} in ternary phosphate solid solutions by cationic heterovalent substitution and their application in white LEDs [J]. Journal of Materials Chemistry C, 2021, 9: 1085.

[122] WANG C, WANG J R, JIANG J, et al. Redesign and manually control the commercial plasma green Zn_2SiO_4: Mn^{2+} phosphor with high quantum efficiency for white light emitting diodes [J]. Journal of Alloys and Compounds, 2020, 814: 152340.

[123] SHANNON R D. Revised effective ionic radii and systematic studies of interatomic distances in halides and chalcogenides [J]. Acta Crystallographica Section A, 1976, 32: 751-767.

[124] CHEN M Y, XIA Z G, MOLOKEEV M S, et al. Probing Eu^{2+} luminescence from different crystallographic sites in $Ca_{10}M(PO_4)_7$: Eu^{2+} (M = Li, Na and K) with #-$Ca_3(PO_4)_2$-type structure [J]. Chemistry of Materials, 2017, 29: 7563-7570.

[125] CHEN M Y, XIA Z G, MOLOKEEV M S, et al. Tuning of photoluminescence and local structures of substituted cations in $xSr_2Ca(PO_4)_2 - (1-x)Ca_{10}Li(PO_4)_7$: Eu^{2+} phosphors [J]. Chemistry of Materials, 2017, 29 (3): 1430-1438.

[126] LI Z W, ZHU G, ZHANG Z, et al. Local structure modification for identifying the site preference and characteristic luminescence property of Eu^{2+} ions in full-color emission phosphors $Sr_{18}Mg_3(PO_4)_{14}$: Eu^{2+} [J]. Journal of Alloys and Compounds, 2021, 862: 158634.

[127] WANG J D, SU R Y, CUI M, et al. Tunable emission properties of tri-doped $Ca_9LiY_{2/3}(PO_4)_7$: Ce^{3+}, Tb^{3+}, Mn^{2+} phosphors with warm white emitting based on energy transfer [J]. Journal of Rare Earths, 2021, 39: 504-511.

[128] DENG D G, YU H, LI Y Q, et al. $Ca_4(PO_4)_2O$: Eu^{2+} red-emitting phosphor for solid-state lighting: structure, luminescent properties and white light emitting diode application [J]. Journal of Materials Chemistry C, 2013, 1: 3194.

[129] LI H F, ZHAO R, JIA Y L, et al. $Sr_{1.7}Zn_{0.3}CeO_4$: Eu^{3+} novel red-emitting phosphors: synthesis and photoluminescence properties [J]. ACS Applied Materials & Interfaces, 2014, 6: 3163-3169.

[130] SOHN K S, CHOI Y Y, PARK H D. Photoluminescence behavior of Tb^{3+}-activated YBO_3 phosphors [J]. Journal of the Electrochemical Society, 2000, 147: 1988-1992.

[131] HUANG C H, KUO T W, CHEN T M. Novel red-emitting phosphor $Ca_9Y(PO_4)_7$: Ce^{3+}, Mn^{2+} with energy transfer for fluorescent lamp application [J]. ACS Applied Materials & Interfaces, 2010, 2 (5): 1395-1399.

[132] BLASSE G. Energy transfer in oxidic phosphors [J]. Physics Letters, 1968, 28 (6): 444-445.

[133] VAN UITERT L G. Characterization of energy transfer interactions between rare earth ions [J]. Journal of the Electrochemical Society, 1967, 114 (10): 1048-1053.

[134] LV W Z, JIA Y C, ZHAO Q, et al. Crystal structure and luminescence properties of $Ca_8Mg_3Al_2Si_7O_{28}$: Eu^{2+} for WLEDs [J]. Advanced Optical Materials, 2014, 2 (2): 183-188.

[135] FONGER W H, STRUCK C W. $Eu^{+3}{}^5D$ resonance quenching to the charge-transfer states in Y_2O_2S, La_2O_2S, and LaOCl [J]. Journal of Chemical Physics, 1970, 52 (12): 6364-6372.

[136] ZHANG X J, WANG J, HUANG L, et al. Tunable luminescent properties and concentrationdependent, site-preferable distribution of Eu^{2+} ions in silicate glass for white LEDs applications [J]. ACS Applied Materials & Interfaces, 2015, 7 (18): 10044-10054.

[137] SHANG M M, LIANG S S, QU N R, et al. Influence of anion/cation substitution ($Sr^{2+} \rightarrow Ba^{2+}$, $Al^{3+} \rightarrow Si^{4+}$, $N^{3-} \rightarrow O^{2-}$) on phase transformation and luminescence properties of $Ba_3Si_6O_{15}$: Eu^{2+} phosphors [J]. Chemistry of Materials, 2017, 29 (4): 1813-1829.

[138] MEYER J, TAPPE F. Photoluminescent materials for solid-state lighting: state of the art and future challenges [J]. Advanced Optical Materials, 2015, 3 (4): 424-430.

[139] HUANG L, ZHU Y W, ZHANG X J, et al. HF-free hydrothermal route for synthesis of highly efficient narrow-band red emitting phosphor $K_2Si_{1-x}F_6$: xMn^{4+} for warm white light-emitting diodes [J]. Chemistry of Materials, 2016, 28 (5): 1495-1502.

[140] LI S X, WANG L, TANG D M, et al. Achieving high quantum efficiency narrow-band β-sialon: Eu^{2+} phosphors for high-brightness LCD backlights by reducing the Eu^{3+} luminescence killer [J]. Chemistry of Materials, 2018, 30 (2): 494-505.

[141] STROBEL P, BOER T, WEILER V, et al. Luminescence of an oxonitridoberyllate: a study of narrow-band cyan-emitting $Sr[Be_6ON_4]$: Eu^{2+} [J]. Chemistry of Materials, 2018, 30 (9): 3122-3130.

[142] LIAO H X, ZHAO M, MOLOKEEV M S, et al. Learning from a mineral structure toward an ultra-narrow-band blue-emitting silicate phosphor $RbNa_3(Li_3SiO_4)_4$: Eu^{2+} [J]. Angewandte Chemie, 2018, 130 (36): 11902-11905.

[143] MEIJERINK A. Emerging substance class with narrow-band blue/green-emitting rare earth phosphors for backlight display application [J]. Science China-Materials, 2019, 62: 146-148.

[144] XIE R J, HIROSAKI N, SAKUMA K, et al. Eu^{2+}-doped Ca-α-SiAlON: a yellow phosphor for white light-emitting diodes [J]. Applied Physics Letters, 2004, 84: 5404-5406.

[145] YANG H K, NOH H M, MOON B K, et al. Luminescence investigations of Sr_3SiO_5: Eu^{2+} orange-yellow phosphor for UV-based white LED [J]. Ceramics International, 2014, 40

(8): 12503-12508.

[146] ZHAO W W, PAN S L, WANG Y J, et al. Structure, growth and properties of a novel polar material, KSr$_4$B$_3$O$_9$ [J]. Journal of Solid State Chemistry, 2012, 195: 73-78.

[147] WANG C, LV Q Y, MA J M, et al. A novel single-phased white light emitting phosphor with single Eu^{2+} doped whitlockite structure [J]. Advances in Polymer Technology, 2022, 33 (2): 103394.

[148] SHANNON R D. Revised effective ionic radii and systematic studies of interatomic distances in halides and chalcogenides [J]. Acta Crystallographica Section A, 1976, 32: 751-767.

[149] LENG Z H, ZHANG D, BAI H, et al. A zero-thermal-quenching perovskite-like phosphor with an ultra-narrow-band blue-emission for wide color gamut backlight display applications [J]. Journal of Materials Chemistry C, 2021, 9: 13722-13732.

[150] LV Q Y, WANG C, CHEN S L, et al. Ultrasensitive pressure-induced optical materials: europium-doped hafnium silicates with a Khibinskite structure for optical pressure sensors and WLEDs [J]. Inorganic Chemistry, 2022, 61 (7): 3212-3222.

[151] PAIER J, HIRSCHL R, MARSMAN M, et al. The perdew-burke-ernzerhof exchange-correlation functional applied to the G2-1 test set using a plane-wave basis set [J]. Journal of Chemical Physics, 2005, 122: 234102.

[152] LI X, WANG Z J, LIU J J, et al. Defect-induced enhancement emission intensity of Ca$_{4.85}$ (BO$_3$)$_3$F(C$_{4.85}$BF): 0. 15Bi^{3+} by introducing cation(Na$^+$,Sr^{2+},Ba^{2+})or anion(Cl$^-$)[J]. Inorganic Chemistry, 2019, 58 (8): 5356-5365.

[153] KIM Y, SCHLEGL H, KIM K, et al. X-ray photoelectron spectroscopy of Sm-doped layered perovskite for intermediate temperature-operating solid oxide fuel cell [J]. Applied Surface Science, 2014, 288: 695-701.

[154] WEI Y, YANG H, GAO Z Y, et al. Bismuth activated full spectral double perovskite luminescence materials by excitation and valence control for future intelligent LED lighting [J]. Chemical Communications, 2020, 56: 9170-9173.

[155] RACK P D, HOLLOWAY P H. The structure, device physics, and material properties of thin film electroluminescent displays [J]. Materials Science & Engineering R-Reports, 1998, 21 (4): 171-219.

[156] BALMER M L, SU Y L, XU H W, et al. Synthesis, structure determination, and aqueous durability of Cs$_2$ZrSi$_3$O$_9$ [J]. Journal of the American Ceramic Society, 2001, 84: 153-160.

[157] WANG C, LI Y, LV Q Y, et al. Te^{4+}/Bi^{3+} co-doped double perovskites with tunable dual-emission for contactless light sensor, encrypted information transmission and white light emitting diodes [J]. Chemical Engineering Journal, 2022, 431: 134135.

[158] LUO J J, WANG X M, LI S R, et al. Efficient and stable emission of warm-white light from lead-free halide double perovskites [J]. Nature, 2018, 563: 541-545.

[159] STADLER W, HOFMANN D M, ALT H C, et al. Optical investigations of defects in Cd$_{1-x}$Zn$_x$Te [J]. Physical Review B, 1995, 51: 10619.

[160] DIAZ A, KESZLER D A. Eu^{2+} luminescence in the borates X$_2$Z(BO$_3$)$_2$(X = Ba, Sr; Z =

Mg, Ca)[J]. Chemistry of Materials, 1997, 9 (10): 2071-2077.

[161] ALLRED A L. Electronegativity values from thermochemical data [J]. Journal of Inorganic and Nuclear Chemistry, 1961, 17 (3): 215-221.

[162] DIRKSEN G J, BLASSE G. Luminescence in the pentaborate $LiBa_2B_5O_{10}$ [J]. Journal of Solid State Chemistry, 1991, 92 (2): 591-593.